数据库应用基础
——SQL Server 2008

刘　涛　主编

南开大学出版社
天　津

图书在版编目(CIP)数据

数据库应用基础：SQL Server 2008 / 刘涛主编.
—天津：南开大学出版社，2016.7（2019.3重印）
ISBN 978-7-310-05126-7

Ⅰ.①数… Ⅱ.①刘… Ⅲ.①关系数据库系统—教材
Ⅳ.①TP311.138

中国版本图书馆 CIP 数据核字(2016)第 125234 号

南开大学出版社出版发行
出版人：刘运峰
地址：天津市南开区卫津路 94 号 邮政编码：300071
营销部电话：(022)23508339 23500755
营销部传真：(022)23508542 邮购部电话：(022)23502200
＊
三河市同力彩印有限公司印刷
全国各地新华书店经销
＊
2016 年 7 月第 1 版 2019 年 3 月第 5 次印刷
260×185 毫米 16 开本 11.5 印张 285 千字
定价：39.00 元

如遇图书印装质量问题，请与本社营销部联系调换，电话：(022)23507125

企业级卓越互联网应用型人才培养解决方案

一、企业概况

天津滨海迅腾科技集团是以 IT 产业为主导的高科技企业集团,总部设立在北方经济中心——天津,子公司和分支机构遍布全国近 20 个省市,集团旗下的迅腾国际、迅腾科技、迅腾网络、迅腾生物、迅腾日化分属于 IT 教育、软件研发、互联网服务、生物科技、快速消费品五大产业模块,形成了以科技为源动力的现代科技服务产业链。集团先后荣获"全国双爱双评先进单位""天津市五一劳动奖状""天津市政府授予 AAA 级和谐企业""天津市文明单位""高新技术企业""骨干科技企业"等近百项殊荣。集团多年中自主研发天津市科技成果 2 项,自主研发计算机类专业教材 36 种,具备自主知识产权的开发项目包括"进销存管理系统""中小企业信息化平台""公检法信息化平台""CRM 营销管理系统""OA 办公系统""酒店管理系统"等数十余项。2008 年起成为国家工业和信息化部人才交流中心"全国信息化工程师"项目联合认证单位。

二、项目概况

迅腾科技集团"企业级卓越互联网应用型人才培养解决方案"是针对我国高等职业教育量身定制的应用型人才培养解决方案,由迅腾科技集团历经十余年研究与实践研发的科研成果,该解决方案集三十余本互联网应用技术教材、人才培养方案、课程标准、企业项目案例、考评体系、认证体系、教学管理体系、就业管理体系等于一体。采用校企融合、产学融合、师资融合的模式在高校内建立校企共建互联网学院、软件学院、工程师培养基地的方式,开展"卓越工程师培养计划",开设互联网应用技术领域系列"卓越工程师班","将企业人才需求标准引进课堂,将企业工作流程引进课堂,将企业研发项目引进课堂,将企业考评体系引进课堂,将企业一线工程师请进课堂,将企业管理体系引进课堂,将企业岗位化训练项目引进课堂,将准职业人培养体系引进课堂",实现互联网应用型卓越人才培养目标,旨在提升高校人才培养水平,充分发挥校企双方特长,致力于互联网行业应用型人才培养。迅腾科技集团"企业级卓越互联网应用型人才培养解决方案"已在全国近二十所高校开始实施,目前已形成企业、高校、学生三方共赢格局。未来五年将努力实现在 100 所高校实施"每年培养 5～10 万互联网应用技术型人才"发展目标,为互联网行业发展做好人才支撑。

前　言

首先感谢您选择了企业级卓越互联网应用型人才培养解决方案，选择了本教材。本教材是企业级卓越互联网应用型人才培养解决方案的承载体之一，面向行业应用与产业发展需求，系统传授软件开发全过程的理论和技术，并注重 IT 管理知识的传授和案例教学，系统传授数据库开发全过程的基础理论和技术。

随着信息技术的迅速发展和广泛应用，计算机的应用模式也从单用户模式逐步向客户机／服务器网络模式发展，信息管理也从工资、人事等单方面的管理向全企业的管理信息系统发展，而数据库作为后台支持已成为信息管理中不可缺少的重要组成部分。管理信息系统、办公自动化系统、决策分析系统、企业资源规划系统等都需要大量地应用数据库技术。

本书从数据库基础开始，循序渐进地讲解了数据库数据操作及数据库应用系统开发，章节安排合理，由浅入深，通过生动的实例和详细的代码注释，带领读者掌握 SQL Server 2008 数据库应用的技巧。

本书共分为理论和上机两个部分，理论部分共 6 章，从易到难，循序渐进地介绍了 SQL Server 2008 数据库的各个知识点。主要内容包括 SQL Server 2008 数据库相关知识、SQL Server 2008 数据库安装及基本应用、SQL 语言、关系型数据库模型，基本的数据存储管理，使用 SQL Server 2008 对数据库的相关操作，对数据库数据的增删改查，数据库的完整性约束，以及更为复杂的高级查询，如：分组查询、链接查询、子查询、集合查询。

本书的上机部分共 6 章，主要是对理论部分的知识进行更加简练而深刻地充实和完善，每一章都是一个实际的案例开发讲解，能够让读者更加熟练地掌握数据库知识的技术操作。

由于作者水平有限，加之计算机技术博大精深，书中难免有不当和疏漏之处，在内容选材和叙述上也难免有不当之处。欢迎广大读者对本书提出批评和建议，我们的邮箱是：develop-etc@126.com。

天津滨海迅腾科技集团有限公司课程研发部

2016 年 5 月

目　录

理论部分

上机部分

理论部分

第 1 章　数据库概述

学习目标

- ◇　了解数据库相关概念以及三种主要的数据模型，特别是关系型数据库概念。
- ◇　理解数据库的定义，关系型数据库模型，SQL Server 数据库管理系统体系结构。
- ◇　理解数据库的定义，关系型数据库模型，SQL Server 数据库管理系统体系结构。
- ◇　掌握关系型数据库 E-R 建模 SQL Server 数据库体系结构的组成及相关概念。

课前准备

1. 数据库技术发展历史。
2. 数据库系统基本概念。
3. 三种主要的数据模型。
4. SQL Server 数据库概述。
5. 数据库表的基本概念。

1.1　本章简介

本章主要介绍数据库的基本知识，主要包括如下内容：

- ➢　与数据库相关的定义；
- ➢　关系型数据库 E-R 建模；
- ➢　SQL Server 数据库管理系统体系结构的主要方面：SQL Server 数据库的组成、SQL Server 存储结构、SQL Server 系统数据库；
- ➢　介绍数据库表概念及组成元素。

本章内容是本书的基础章节，深入理解本章内容有助于以后章节的学习与实践。

1.2　数据库技术概述及发展历程

网络已经是家喻户晓的重要信息工具，人们经常上网看新闻、注册电子邮箱、上网玩游戏等。每当人们注册了自己的电子邮箱，就可以通过该电子信箱收发邮件，如果这些邮件不被删除，那么它们将长期存在；现在的年轻人当中，越来越多的人通过网络玩游戏，每局的胜负得分都被记录，以供下次玩游戏使用；再如，人们经常去银行存取款，而每次银行电子系统都记录操作结果等，像这样的例子举不胜举。我们不禁会问：为什么计算机系统每次都能记住操作的结果呢？那是因为整个计算机信息系统有一个非常重要的数据库系统在帮助人们记录操作的信息及结果。那么，什么是数据库呢？接下来的内容，我们将从数据库技术发展的历史开始逐步回答这个问题，同时讲解与之相关的知识。

数据库技术是计算机科学技术发展最快、软件领域非常重要的分支。产生于 20 世纪 60 年代，它的出现及后来广泛的应用使计算机技术渗透到了金融、商业、科学研究、工程技术、行政、航空航天等领域。数据库技术计划已经应用到了人类社会的所有行业。特别是 20 世纪 80 年代出现了微型计算机，使得数据库从巨型机、大型机、小型机、PC 服务器，直至微型计算机都配置了数据库管理系统，从而使数据库技术得到空前而广泛的使用。如今数据库技术已经发展为以数据库管理系统为核心，内容丰富、领域宽广的一门新兴科学。数据库技术极大地带动了软件行业的发展。

数据库系统已经历或正经历如下几个发展阶段：

第一阶段：网状和层次数据库系统。1969 年 IBM 公司开发了基于层次模型的信息管理系统，20 世纪 60 年代末及 70 年代初，美国数据库系统语言协会下属的数据库任务组提出若干报告，建立了网状数据库系统许多概念、方法、技术。基于这些报告，后来出现了多个层次数据库系统产品，如：IMS、EDMS 等。

第二阶段：关系数据库系统。20 世纪 70 年代，IBM 公司研究员 E. F. Codd 发表了关系模型论文，推动了关系数据库系统的研究和开发。尤其是关系数据库标准语言——结构化查询语言 SQL 的提出，使关系数据库得到了广泛的应用，目前主流关系数据库系统有：Oracle、DB2、SQL Server、Sybase 等。

第三阶段：目前现代数据库系统正向着面向对象数据库系统发展，并与网络、分布式计算、面向对象程序设计技术相结合。这一阶段的数据库系统正在研究之中，要求更好的数据模型来表达，以便存储、管理和维护复杂的数据，第三代数据库系统除了包含第二代数据库系统功能外，还应支持正文、图像、声音等新的数据类型、支持类、继承类、函数/服务器应用的接口。研究的方面主要有：对象－关系型数据库系统（Object-Relational Database System, ORDBS）和面向对象数据库系统（Object-Oriented Database System, OODBS）。

1.3　数据库系统的相关概念

数据（DATA）：数据是描述现实世界事物的符号标记，是指用物理符号记录下来的可以鉴别的信息。包括：数字、文字、图形、声音及其他特殊符号。

数据处理： 数据处理是对各种数据进行收集、储存、加工和传播的一系列活动。

数据管理： 数据管理是数据处理的核心问题，是对数据进行分类、组织、编码、存储检索和维护。

下面介绍数据管理技术的发展阶段和特点：

✓　人工管理阶段：在人工管理阶段数据处理都是通过手工进行的，这种数据处理数据量少、数据不保存 、没有软件系统对数据进行管理，这种管理方式对程序的依赖性太强，并且大量数据重复冗余。

✓　　文件系统阶段：为了解决手工进行数据管理的缺陷，随着技术发展提出了文件管理的方式，解决了应用程序对数据的强依赖性问题，给程序和数据定义了数据存取公共接口，数据可以长期保存，数据不属于某个特定的程序，使数据组织多样化了（如：索引、链接文件的技术），但仍然存在大量数据冗余、数据不一致性、数据联系弱的特点（文件之间是孤立的，整体上不能反映客观世界事物内在联系）。

✓　　数据库系统阶段：为了解决文件数据管理的缺点，人们提出了全新的数据管理的方法——数据库系统，该方法充分地使数据共享，交叉访问，与应用程序高度独立。而由于数据库系统根据其建立模型基础的不同而不同，其中使用最广泛的是建立在关系模型基础上的关系数据库，如：Oracle 数据库系统、SQL Server 数据库管理系统等，这类数据库系统满足关系模型的三大要素：关系数据结构、关系操作结合、关系完整约束。

数据库（DATABASE）：按照一定的数据模型组织存储在一起的，能被多个应用程序共享的、与应用程序相对独立的互相关联的数据集合。

数据库管理系统（Database Management System, DBMS）：DBMS 是指帮助用户使用和管理数据库的软件系统。

数据库管理系统通常由以下三个部分组成：

✓　　用来描述数据库的结构，用户建立数据库的数据描述语言 DDL；

✓　　供用户对数据库进行数据的查询和存储等数据操作语言 DML；

✓　　其他的管理与控制程序（例如：TCL 事务控制语言，DCL 数据控制语言）。

数据库具有以下特点：

✓　　数据的结构化；

✓　　数据共享；

✓　　减少数据冗余；

✓　　优良的永久存储功能。

关系型数据库

关系型数据库是以关系数据模型来表示的数据库。关系数学模型以二维表的形式来描述数据。一个完整的关系模型数据库系统包含 5 层结构（由内往外），如图 1-1 所示。

图 1-1　关系型数据库系统 5 层结构

硬件

硬件是指安装数据库系统的计算机，包括两种：服务器、客户机。比如：人们常用的，用来提供服务的 PC 服务器、UNIX 小型机服务器、大型机服务器、巨型机服务器；用以提出申请的各种台式 PC 机、用户终端等。

操作系统

操作系统是指安装数据库系统的计算机采用的操作系统。比如：银行等金融系统是使用的 UNIX 操作系统、人们最常见的 Windows 操作系统。

关系型数据库、数据库管理系统

关系型数据库是存储在计算机上的、可共享的、有组织的关系型数据的集合。

关系型数据库管理系统是位于操作系统和关系型数据库应用系统之间的数据库管理软件，通常有以下三个部分组成：

✓ 用来描述数据库的结构,用来建立用户数据库的数据描述语言 DDL，人们使用 DDL 语言能够定义和建立、修改、删除数据库对象，如：创建数据库表、修改数据库表、删除数据库表等。

✓ 供用户对数据库进行数据的查询和存储等数据操作语言 DML，人们常使用 DML 语言的命令对数据库数据进行查询、新增、删除、修改等操作。

✓ 其他的管理和控制程序，比如：事务控制命令，人们常使用它们来开始事务、提交事务、回滚事务等。

关系型数据库应用系统

关系型数据库应用系统是指为了满足用户需求，采用各种应用开发工具和开发技术开发的数据库应用软件。

用户

用户是指和数据库打交道的人员，包括以下三种人员：

✓ 最终用户：应用程序的适应者，通过应用程序与数据库进行交互。

✓ 数据库应用开发人员：指在开发周期内，完成数据库结构设计、应用程序开发等任务的人员。

✓ 数据库管理员：就是我们通常所说的数据库 DBA，其职能就是对数据库作日常管理，如：数据备份、数据库监控、性能调整、安全控制与调整等任务。

为了更好地理解关系型数据库的 5 层结构，我们通过生活中常见的关系型数据应用系统——医院里的医疗管理系统来进行介绍。

用户：就是使用该医疗管理系统的医生等，他们是该应用系统的使用者。

关系型数据库应用：医生需要操作该医疗管理系统，进行开药方、记录病人信息等。给用户提供操作界面，处理业务逻辑，向数据库提出了数据请求等，医生使用的医疗管理系统就是关系型数据库应用系统。

数据库和数据管理系统：用来保存病人信息集合的目的地就是该医疗管理系统的数据库，而该数据库提供管理的软件就是数据库管理系统，如 SQL Server 2008、Oracle、DB2 等。

操作系统：医生使用的医疗管理系统需要安装到操作系统才能使用，人们常用的操作系统就是 Windows 7 /Windows 8/Windows 10/Windows XP。

硬件：安装操作系统的机器就是计算机硬件，此计算机硬件是安装和运行一切软件的基础。

1.4　数据结构模型概念及构成

数据模型是一种工具，它描述出了人们的信息要求，并将这种需求通过易于数据库系统实现的形式表现出来。数据模型就是将信息抽象化、规范化后形成的一套模型，不同的数据模型具有不同的数据结构。数据模型是沟通现实世界和抽象计算机世界的桥梁。

数据模型的构成：

✓　数据结构：数据结构由数据对象及该对象中所有数据成员的关系组成。

✓　数据操作：数据操作是指对数据库中的数据对象可能进行的操作，如：查询、插入、更新等。

✓　数据完整性：数据完整性是指对数据来说，数据应当符合一定的规则和制约，使数据具有合理、正确、相容性。

数据结构模型的类型

目前最常用的数据模型有：层次模型（Hierarchical Model）、网状模型（Network Model）、关系模型（Relational Model）、面向对象模型（Object Oriented Model）。层次和网状模型属于非关系模型，非关系模型在 20 世纪 70 年代流行，在数据库系统产品中占主导位置。从 20 世纪 80 年代开始关系型数据库占据了主导地位，而面向对象数据库模型仍在研究中。

1. 层次模型

层次模型来源于数据结构中的树，是一种类似于树的结构。层次模型的特征如下：

✓　仅有一个根节点；

✓　一个节点与另一个节点若有联系则只可能为"父子关系"；

✓　每个节点均处于某一级别上；

✓　每个节点均可通过"父子关系"指针找到。

层次模型示例如图 1-2 所示。

图 1-2　人力资源的层次结构

有很多基于层次的实例，如下所示：

一台计算机的结构可以表示为：计算机→主机→主板→集成电路

军队的一个简单编制：营长→连长→排长→班长→士兵

IBM 公司的 IMS（Information Management System）是层次型数据库系统的典型代表。由于层次型数据库比非层次型数据库使用率低，所以现在已经很少使用层次模型了。

2. 网状模型

网状模型特征如下：

- ✓ 不存在级别；
- ✓ 一个节点可拥有多个父节点或多个子节点；
- ✓ 记录有若干数据项，且这些数据项可有多个值。

网状数据模型在现实生活中很普遍，例如，一个客户与销售商和产品的联系，主要体现在：一个客户可接受多个销售人员的销售，而一个销售人员可以销售多个产品给客户，一个产品可以被销售商销售给多个客户，它们可以被多个销售人员销售。

如图 1-3 所示是厂家和销售商的网状模型，其中厂家 A 给商店 A、商店 B 或商店 C 供货，同样，商店 A 也可以从厂家 A 或厂家 B 或厂家 C 进货。

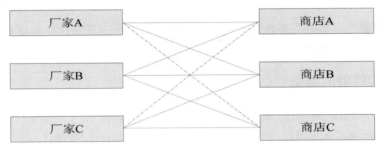

图 1-3　网状数据模型示例

网状数据模型的代表产品是 Cullinet 软件公司的 IDMS 等。网状数据模型对于层次和非层次数据模型的结构都可以描述，在数据库发展史上具有重要的地位。网状模型与层次模型有明显的区别，在层次模型中，所有的节点形成一棵倒树，有一个根节点，每个节点必须处于一个层次上，除根节点外，每个节点只有一个父节点，但可以有多个子节点，而网状模型中每个节点不存在明显的层次级别，一个节点可以拥有多个父节点或多个子节点等。

3. 关系模型

关系模型具有不同于格式化模型（层次模型和网状模型）的风格和理论基础。总的来说，它是一种数学化的模型。关系模型的基本组成是关系。它把记录集合定义为一张二维的表，即：关系。表的每一行是一条记录，表示一个实体。每一列是记录中的一个数据项，表示实体的一个属性，如表 1-1 学生（关系）、表 1-2 课程（关系）、表 1-3 选课（关系），它们分别为三个实体集合。其中，选课表又是学生表和课程表两实体的联系。

使用关系模型的好处是，二维表格简单、直观易懂，用户只需使用简单的查询语句就可以对数据库进行操作，即用户只需要指出"干什么"或"找什么"，而不需要详细说明"怎么干""怎么找"，无须设计存储结构和访问技术的细节等。

表 1-1　学生（关系）

学号	姓名	年龄	性别	籍贯
1001	牛皮	15	男	亚
1002	小牛	18	男	非
1003	大猫	19	男	拉
1004	咪咪	17	女	美

表 1-2　课程（关系）

课程号	名称	学分
8001	C/C++	4
8002	JAVA	5
8003	Oracle	6
8004	SQL Server	7

表 1-3　选课（关系）

学号	课程号	成绩
1001	8001	95
1001	9003	100
1004	8003	90
1002	8004	85
1003	8001	100
1004	8002	80
1002	8002	85
1003	8004	90

以上三张表中，每张表表示一个关系，而表的格式是一个关系的定义。

通常表示形式为：

关系名（属性名 1，属性名 2，……，属性名 n）

以上三个表具有三个关系可以表示为：

学生（学号，姓名，年龄，性别，籍贯）

课程（课程号，名称，学分）

选课（学号，课程号，成绩）

4．面向对象模型

面向对象模型是一种新兴的数据模型，它采用面向对象模型的方法来设计数据库。面向对象的数据存储对象是以对象为单位每个对象包含对象的属性和方法，具有类和继承的特点。

1.5　E-R 模型

E-R 模型就是我们通常所说的常用的实体关系模型，使用 E-R 模型对具体数据库进行抽象加工，将实体（如：一张凳子、一支笔等）集合抽象成实体类型。用实体间关系反映现实世界事物间的内在联系。E-R 模型是建立概念性数据模型的有力工具。E-R 模型作为信息描述的工具，它有三个要素：实体用矩形表示，属性用椭圆表示，关系用直线表示。

E-R 模型是最初 P. P. Chen 在 1976 年作为一个统一网络和数据库的观点提出的。E-R 模型在当时被认为是一个将现实世界对应为实体和关系的概念数据库模型。模型的实质就是直观化表示数据对象的 E-R 图。在 P. P. Chen 发表了论文后，这个模型概念被扩展开来。如今，

E-R 模型已经作为一个数据库的通用设计方法被数据库设计者广泛采用。

E-R 模型的优点：

✓ 它对关系模型进行了很好的映射，可以很容易地转变为关系表。

✓ 这个模型可以很容易地实现为一个特定的数据库管理软件。

✓ 浅显易懂，可以在数据库设计时直接交流。

1.5.1 实体

对上面提到的 E-R 模型的实体其准确的定义是什么呢？E-R 模型的实体是指独立存在的对象（如，学生是一个实体，系部是实体等），并且它是数据需求所要求的，即用户所关注的对象。它有以下两个特点：

✓ 实体是独立的，它的存在不依赖于别的实体。

✓ 实体之间有别于其他实体的特征，即实体之间是必然不同的、可以区分的。

实体的集合叫实体组成实体集，它包含了若干属性相似的实体。如，一个人是一个实体，而一群人则是人的实体集或人的实体组。

1.5.2 属性

对于上面提到的 E-R 模型的三要素之一的属性我们给出一个准确的定义：属性是实体内在特征的反映，也是外部描述实体特征表现。例如，把一个人作为一个实体来说，他的年龄、性别、体重等就是他的属性。

在 E-R 数据库模型中属性必须是唯一的。例如：一个餐厅不允许有两个地理位置。属性有单值属性和多值属性。单值属性是指仅有一个值的属性，多值属性是指可能有两个或两个以上值的属性。例如，一个餐厅只有一个地址，但可以有多个电话或员工，这多个"电话"或"员工"都是多值属性。

图 1-4 为一个商场的 E-R 图，营业额、营业员数、柜台数、商品种类、位置、厕所数等均作为实体商场的属性。

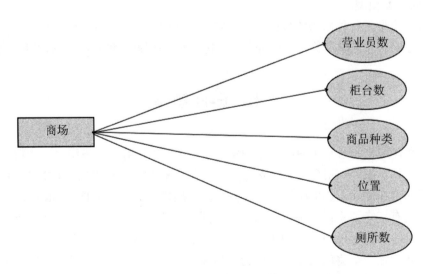

图1-4 一个商场的属性

属性也分为简单的属性和复杂的属性，简单的属性是指不可再分割的属性，也称为原子属性，而复杂的属性是指可以分割的具有两个或两个以上简单属性的属性。例如，餐厅的名称是简单的属性，而位置是可以再细分为某区、某街道、某个号这 3 种属性。

属性还可分为某本属性和导出属性。某本属性是指物理存储器必须存储的数据，而导出属性则是不许由物理存储器存储，可以通过其他某种属性转换而得到的属性。例如，城市和省区这两个属性，后者可以通过前者推知，可以唯一标识实体组中的每个实体的一个或一组属性叫做键，换句话说，可以通过"键"这个或这一组属性来唯一地找出这个实体组中的某个实体。在 E-R 模型中键是一个很重要的概念，键有以下几种类型：

- ✓ 候选键：可唯一标识一个实体组中的每个实体的一个或一组属性。
- ✓ 主键：实际被选来在一个实体组中唯一标识实体的一个或一组属性。
- ✓ 复合键：有两个或两个以上的属性组成的候选键。

1.5.3　关系

实体与实体之间联系就是 E-R 模型的关系，如学生实体与系部实体就存在联系。关系从实体与关系的联系数量来说，可以分为一元关系、二元关系、三元关系等，如图 1-5 所示。

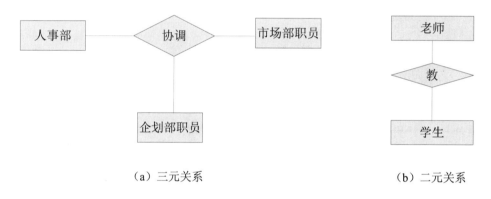

（a）三元关系　　　　　　　　　　（b）二元关系

图 1-5　三元关系和二元关系示例

图 1-5（a）描述了"协调"关系相关联系的实体有"人事部""市场部职员""企划部职员"，这三个实体与"协调"联系有关系，是三元关系。图 1-5（b）描述了"教"这个关系与"老师""学生"两个实体联系在一起，是二元关系。

关系的度是与关系联系的实体数。N 维关系是一个 n 度的一般形式。常见的是 2 个度和 3 个度的关系。

理论上说，与某个关系有联系的实体无数量限制。两个实体之间的关系可以是：

- ✓ 1 对 1，例如，夫妻是一对 1 对 1 的关系。
- ✓ 1 对多，例如，一个老师可以教授多个学生，是 1 对多的例子。
- ✓ 多对多，例如，一个产品供应商可以给多个商场供应产品，而一个商场也可以从多个产品供应商进货，这是多对多的关系。

1.5.4　E-R 图

E-R 图是 E-R 模型的直观表示，在 E-R 图中可以看到 E-R 模型的各个实体的组织关系。

我们以一个设计火车站及其始发列车 E-R 图并将其转化为关系表的例子来说明。

第一步，设计火车站的 E-R 图。若火车站需要设计的数据为所在城市、月台数、客运站，我们先设计火车站的 E-R 图，如图 1-6 所示。

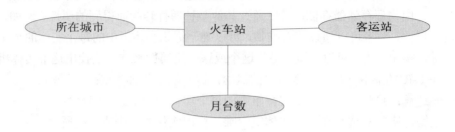

图 1-6　火车站的 E-R 图

第二步，设计始发列车 E-R 图。如果始发列车的属性分别为乘客数、始发时间、终点站、运行时间，则可以设计出其 E-R 图，如图 1-7 所示。

图 1-7　列车的 E-R 图

第三步，设计完成以上分 E-R 图后合并 E-R 图。我们可以很明确地确定这两个 E-R 分图之间的联系就是实体火车站和列车之间的联系“始发”，合并后的 E-R 图，如图 1-8 所示。

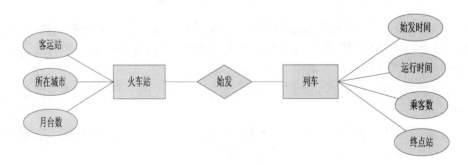

图 1-8　一个火车站的 E-R 图

从图 1-8 我们发现，这里有两个实体，火车站和列车，它们之间的关系是列车从火车站“始发”，其他属性分别表示这两个实体的特点。

1.6 关系型数据库与二维数据库表

关系型数据库是建立在关系模型基础上的，关系模型的基本组成是关系。它把记录集合定义为一张二维的表形式，即关系。二维数据库表的重要概念如下：

✓ 表的行：表的每一行为一条记录，表示一个实体，也称为一个元组。

✓ 表的列：表的每一列是记录中的一个数据项，表示实体的一个属性。一般情况下应该设计成单一属性（即非复合属性）。表 1-4 为一学生信息表示例。

表 1–4 学生信息表

学号	姓名	年龄	性别	籍贯
1001	牛皮	15	男	亚
1002	小牛	18	男	非
1003	大猫	19	男	拉
1004	咪咪	17	女	美

在以上学生信息表是一张二维的数据表格，表中每一行表示一个学生的实体信息，即：记录，而实体使用属性列来描述。

每当我们使用数据库的时候总需要有一个账户，包括账号和密码，我们必须提供正确账号和密码才能登录数据库，进行各种数据库操作。如果该账户拥有创建数据库表的权限，则可以在所登录账户创建数据库表。

1.6.1 定义一个简单的关系型数据库示例

为了能够很好的理解本书所讲述的二维数据库表结构以及为以后章节的 SQL Server 技术介绍提供支持，在这里我们定义一个简单的、熟悉的数据库示例——电子商城购物（EBuy）系统（数据库部分），以便以后章节的讲解和知识吸收。我们直接给出数据库及数据库表的描述，如果我们目前不能理解其中一些内容也没关系，我们将在以后的章节中详细介绍怎么使用。

1.6.2 电子商城购物（EBuy）系统简介

电子商城购物是一个简单而常用的系统，比如你想购买 DELL 笔记本电脑，就需要使用购物系统，你需要告诉系统你购买的电脑型号，然后完成下订单、付款、送货等步骤才能完成交易。先简单介绍电子商城购物系统的基本数据库设计。

简单的电子商城购物系统一般包括前台和后台两部分。

前台主要功能包括：

✓ 客户的注册（账户注册）

✓ 查询商品

✓ 查看商品详情

- ✓ 客户在线购物
- ✓ 生成订单
- ✓ 查看订单
- ✓ 留言
- ✓ 柜员查看销售汇总数据

后台主要功能包括：

- ✓ 员工管理
- ✓ 商品管理
- ✓ 客户管理
- ✓ 系统管理
- ✓ 报表等功能

电子商城实现了电子网上购物，提高了工作效率，降低了成本，提高了经济效益和社会效益。

电子商城购物（EBuy）系统数据库和表的介绍如下：

（1）商品类别表（commodity_category）

表 1-5   商品类别表（commodity_category）

字段英文名	字段中文名	字段类型	字段宽度	是否容许空	是否主键
CatID	商品类别号	int	4	N	Y
CatName	商品类别名称	varchar	30	N	N

（2）商品信息表（commodities）

表 1-6   商品信息表（commodities）

字段英文名	字段中文名	字段类型	字段宽度	是否容许空	是否主键
ComID	商品号	int	4	N	Y
CatID	商品类别号	int	4	N	N
ComName	商品名称	varchar	30	N	N
ComPrice	商品单价	decimal	10.2	N	N
SalPrice	批发价	decimal	10.2	N	N
StoAmount	商品库存量	decimal	10.2	N	N
Details	商品详情	varchar	1000	N	N

（3）客户信息表（customer）

表 1-7   客户信息表（customer）

字段英文名	字段中文名	字段类型	字段宽度	是否容许空	是否主键
CusID	客户账号	varchar	20	N	Y
CusPassWord	客户密码	varchar	6	N	N
CusName	客户姓名	varchar	30	N	N

字段英文名	字段中文名	字段类型	字段宽度	是否容许空	是否主键
CusSex	客户性别	varchar	1	N	N
Email	电子邮箱	varchar	30	N	N
TelephoneNo	联系电话	varchar	12	N	N
Address	地址	varchar	80	N	N
PostID	邮政编码	varchar	6	N	N
PassCardNO	身份证号	varchar	20	N	N

（4）订单信息表（orders）

表 1-8　订单信息表（orders）

字段英文名	字段中文名	字段类型	字段宽度	是否容许空	是否主键
OrdID	订单号	int	8	N	Y
CusID	客户号	varchar	20	N	N
ComID	商品号	int	4	N	N
Amount	数量	int	8	N	N
PayAmount	付款金额	decimal	10.2	N	N
PayWay	付款方式	varchar	50	N	N
DTime	日期	datetime	8	N	N
IsAfirm	是否确认	varchar	1	N	N
IsSendGoods	是否派货	varchar	1	Y	N

（5）销售流水信息表（sales）

表 1-9　销售流水信息表（sales）

字段英文名	字段中文名	字段类型	字段宽度	是否容许空	是否主键
MarkID	销售流水号	int	8	N	Y
OrdID	订单号	int	8	N	N
CusID	客户号	varchar	20	N	N
ComID	商品号	int	4	N	N
Amount	商品数量	int	10	N	N
DTime	日期	datetime	10	N	N
PayAmount	付款金额	decimal	10.2	N	N
SendAddress	送货地址	varchar	100	N	N

说明：

①字段英文名简写说明

Cat — category

Com — commodity

Sal — sale

Sto — storage

Cus — customer

Ord — order

D — date

②是否允许空：Y 为允许，N 为不允许。

③是否主键：Y 为是主键，N 为非主键。

1.7　SQL Server 2008 概述

SQL Server 作为一个数据库管理系统，它的主要功能就是管理数据库及其数据库对象。为了方便用户对数据库和数据库对象的操作，系统提供了一个友好的工具：SQL Server 2008 Microsoft SQL Server Management Studio，工程师使用该工具可以方便地操作数据库和数据库对象。

1.7.1　SQL Server 2008 数据库组成

SQL Server 2008 数据库由包含数据的表集合和其他对象（如视图、索引、存储过程、触发器等）组成，目的是为了给执行与数据有关的操作提供支持。SQL Server 2008 能够支持许多数据库，每个数据库可以存储来自其他数据库的相关和不相关数据。例如数据库服务器可以在一个数据库存储职员数据，在另外一个相关数据库存储产品相关数据等。

1.7.2　SQL Server 2008 存储结构

数据库的存储结构包括逻辑存储结构和物理存储结构。

数据库逻辑存储结构是指数据库有哪些性质的信息所组成，SQL Server 的数据库不仅仅只是数据的存储，所有与数据处理操作相关的信息都存储在数据库中，这种存储结构是面向数据库使用者的。

数据库的物理存储结构则是讨论数据库文件是如何在磁盘上存储的。数据库在磁盘上以文件为单位存储，由数据文件和事务日志文件组成。一个 SQL Server 2008 数据库至少包含一个数据文件和一个事务日志文件。

在 SQL Server 2008 中，一般数据文件包含主数据文件（primary database file）、辅助数据文件（secondary database file）和事务日志文件（transaction file）。

为方便管理和分配，SQL Server 2008 允许将多个文件归纳为同一组，并赋予此组一个名称，这就是文件组。与数据文件一样，文件组也分为主文件组（primary file group）和辅文件组（secondary file group）。

每个数据库都由以下几个部分的数据库对象组成：关系图、表、视图、存储过程、用户、角色、规则、默认、用户自定义类型和用户自定义函数。

1.7.3　SQL Server 2008 系统数据库

当我们安装了 SQL Server 2008 以后,会发现系统自动创建了 4 个系统数据库(MASTER、MODEL、TEMPDB、MSDB)。系统数据库用来记录系统信息或当作系统的工作空间。除了系统数据库,我们可以创建自己的应用数据库以存放一般的用户数据。

下面我们介绍系统数据库的功能与作用。

1. MASTER

系统表格和环境信息都存储在这个数据库内。SQL Server 2008 通过这些系统表格来控制和管理用户数据库和数据库系统的整体运作。这些表格记录了用户账户、远程用户账户、所有本地服务器、可交谈的远地服务器、SQL Server 内的处理程序、可调整的环境变量、系统错误信息、SQL Server 所控制的数据库、系统设备等的数据。

2. MODEL

这个数据库是我们创建新数据库时的样板,即:当我们使用 create database 创建数据库时,创建数据库的第一步就是把 MODEL 数据库内容完全复制过来,然后根据我们的需求作修改。所以我们对数据库 MODEL 修改后,此后新建数据库都会如此修改。例如我们在MODEL 中创建 EMP(员工表),此后新建的数据库都会有 EMP 表。这一切印证了 MODEL 的含义:模型及模板。

3. TEMPDB

该数据库是系统用来当做工作空间用的数据库,它的主要功能包括存储用户创建的暂存表格、存储用户说明的全局变量、数据排序的空间、存储用户利用 CURSOR 说明选出来的数据,这一切功能正好印证了 TEMPDB 的含义:临时数据库。

4. MSDB

MSDB 是 SQL Server Agent 用来安排警告(alert)、工作(jobs)以及记录操作的数据库。

1.7.4　了解 SQL Server 2008 的 Microsoft SQL Server Management Studio

Microsoft SQL Server Management Studio 是 Microsoft SQL Server 2008 提供的一种新集成环境,用于访问、配置、控制、管理和开发 SQL Server 的所有组件。SQL Server Management Studio 将一组多样化的图形工具与多种功能齐全的脚本编辑器组合在一起,可为各种技术级别的开发人员和管理员提供对 SQL Server 的访问。

SQL Server Management Studio 将以前版本的 SQL Server 所包含的企业管理器、查询分析器和 Analysis Manager 功能整合到单一环境中。此外,SQL Server Management Studio 还可以和 SQL Server 的所有组件协同工作,例如 Reporting Services、Integration Services、SQL Server Mobile 和 Notification Services。开发人员可以获得熟悉的体验,而数据库管理员可获得功能齐全的单一实用工具,其中包含易于使用的图形工具和丰富的脚本撰写功能。

访问 SQL Server Management Studio:若要启动 SQL Server Management Studio 请在任务栏中单击"开始",依次指向"所有程序"和 Microsoft SQL Server 2008,然后单击 SQL Server Management Studio,如图 1-9 所示。

图 1-9　启动 SQL Server 2008

使用 SQL Server Management Studio，数据库开发人员和管理员可以开发或管理任何数据库。

1. SQL Server Management Studio 的功能

✓　支持 SQL Server 2008 的多数管理任务。

✓　用于 SQL Server 数据库引擎、管理和创作的单一集成环境。

✓　用于管理 SQL Server 数据库引擎、Analysis Services、Reporting Services、Notification Service 以及 SQL Server Mobile 中的对象的新管理对话框，使用这些对话框可以立即执行操作，将操作发送到代码编辑器或将其编写为脚本以供以后执行。

✓　非模式以及大小可调的对话框允许在打开某一对话框的情况下访问多个工具。

✓　常用的计划对话框使您可以在以后执行管理对话框的操作。

✓　在 Management Studio 环境之间导出或导入 SQL Server Management Studio 服务器注册。

✓　保存或打印由 SQL Server Profiler 生成的 XML 显示计划或死锁文件，以后进行查看，或将其发送给管理员以进行分析。

✓　新的错误和信息性消息框提供了详细信息，使您可以向 Microsoft 发送有关消息的注释，将消息复制到剪贴板，还可以通过电子邮件轻松地将消息发送给支持组。

✓　集成的 Web 浏览器可以快速浏览 MSDN 或联机帮助。

✓　从网上社区集成帮助。

✓　SQL Server Management Studio 教育可以帮助您充分利用许多新功能，并可以快速提高效率。若要阅读该教程，请转至 SQL Server Management Studio 教程。

✓　具有筛选和自动刷新功能的新活动监视器。

✓　集成的数据库邮件接口。

2．新的脚本撰写功能

SQL Server Management Studio 的代码编辑器组件包含集成的脚本编辑器，用来撰写 Transact-SQL、MDX、DMX、XML/A 和 XML 脚本。主要功能包括：

✓　工作时显示动态帮助以便快速访问相关的信息。

✓　一套功能齐全的模板可以用于创建自定义模板。

✓　可以编写和编辑查询或脚本，而无需连接到服务器。

✓　支持撰写 SQLCMD 查询和脚本。

✓　用于查看 XML 结果的新接口。

✓　用于解决方案和脚本项目的集成源代码管理，随着脚本的演化可以存储和维护脚本的副本。

✓　用于 MDX 语句的 Microsoft IntelliSense 支持。

3．对象资源管理器功能

SQL Server Management Studio 的对象资源管理器组件是一种集成工具，可以查看和管理所有服务器类型的对象。主要功能包括：

✓　按完整名称或部分名称、架构或日期进行筛选。

✓　异步填充对象，并可以根据对象的元数据筛选对象。

✓　访问复制服务器上的 SQL Server 代理以进行管理。

1.8　小结

➢　了解数据库技术的发展历程，包括数据库技术发展的重要事件、各种概念和定义、三种数据结构模式等。

➢　掌握概念模式设计手段：E-R 模型图的设计。能够根据现实世界进行抽象，画出 E-R 图。

➢　熟悉 SQL Server 2008 数据库系统结构，了解其工具环境：Microsoft SQL Server Management Studio。

1.9　英语角

HIERARCHICAL MODEL　　　　层次模型
NETWORK MODEL　　　　网状模型
RELATIONAL MODEL　　　　关系模型
E-R　　　　概念设计模型

1.10　作业

1. 在概念模型 E-R 设计中"实体"是什么？
2. 在概念模型 E-R 设计中"属性"是什么？
3. 在概念模型 E-R 设计中"联系"是什么？
4. 请定义一张二维的数据库表（学生信息表），要求至少 5 个属性。
5. 简述 SQL Server MASTER 数据库的作用。
6. 数据文件为何与日志文件分散到不同的磁盘上存储？

1.11　思考题

为什么 SQL Server 2008 没有了查询分析器和企业管理器？是否 SQL Server 2008 就不能实现查询分析器和企业管理器功能了？

1.12　学员回顾内容

E-R 模型；二维关系数据库表；Microsoft SQL Server Management Studio 工具。

参考资料
郭振民，《SQL Server 数据库技术》，中国水利水电出版社，2009. 李（Michaer Lee），比克（Gentry Bieker），《精通 SQL Server 2008》，清华大学出版社，2010. 明月科技，《SQL Server 从入门到精通》，清华大学出版社，2012. 网上 SQL Server 数据库技术资料。

第 2 章　SQL Server 基本的数据存储管理

学习目标

✧　熟悉 SQL Server 2008 Microsoft SQL Server Management Studio 工具的使用。

✧　理解 SQL Server 的基本数据类型的作用。

✧　掌握使用 SQL Server 2008 Microsoft SQL Server Management Studio 工具创建 SQL Server 数据库、创建和修改 SQL Server 数据库表。

课前准备

1. 创建 SQL Server 数据库。

2. 创建、修改 SQL Server 数据库表。

3. SQL Server 常用数据类型。

2.1　本章简介

我们知道作为一个工厂，仓库是用来存储产品的，仓库的容量、仓库的位置、仓库的安全等都是仓库的重要参数。否则生产出来的产品不能保存且不能及时销售的话，对产品的生产和销售将产生不利影响。同样的道理，在我们计算机应用系统中，我们用数据库来保存人们所需要的数据，以便今后访问（如：查找数据、分析数据、修改数据、删除不需要的数据等）。

针对 SQL Server 应用数据库开发，我们首先想到的是，需要创建一个 SQL Server 应用数据库，这也是数据库开发必须的、重要的步骤，因此 SQL Server 应用数据库开发所做的一切工作，最终将落实到开发出一个优秀的应用数据库上。例如，我们要建立自己的数据库表等，都将其创建到具体的物理数据库中。

在创建自己的数据库之前我们肯定会想到应该使用什么样的工具或用什么办法来创建数据库。我们经常从书店看到关于 SQL Server、Oracle、DB2 等书籍，其实这些书籍就是介绍数据库管理系统软件的计算机书籍，SQL Server、Oracle、DB2 等都是数据库管理系统软件，是由不同的数据库管理系统软件开发的数据库管理系统（Database Management System, DBMS）。我们需要选择具体的数据库管理系统去创建数据库、数据库对象等，来实现对应用数据库的管理。在高度信息化的今天，所有的数据库管理都需要通过使用数据库管理系统软件来完成。

DBMS 通常包括如下功能：

✓ 数据库描述：定义数据库的全局逻辑结构，局部逻辑结构和其他各种数据库对象；

✓ 数据库管理：包括系统配置与管理，数据存取与更新管理，数据完整性管理和数据安全性管理；

✓ 数据库的查询和操作：该功能包括数据库检索和修改；

✓ 数据库维护：包括对数据的导入、导出管理，数据库结构维护，数据恢复功能和性能监测等。

本章主要介绍如何使用 SQL Server 数据库管理系统软件管理我们的应用数据库（创建数据库、修改数据库、删除数据库）以及在我们创建的应用数据库中如何建立我们的数据库表等。

2.2　管理 SQL Server 数据库

本节主要讲解 SQL Server 应用数据库的创建、修改、删除等管理方法。

2.2.1　使用 SQL Server 2008 图形界面创建数据库

使用 SQL Server 2008 Microsoft SQL Server Management Studio 创建 SQL Server 应用数据库。具体步骤如下：

（1）打开 Microsoft SQL Server Management Studio 工具，如图 2-1 所示。

图 2-1　打开的 Microsoft SQL Server Management Studio 界面

从图中可以看到图的工作区左边部分是对象资源管理器，这里列举了"数据库""安全性""服务器对象""复制"等目录和文件；图的右边是摘要，是左边所选对象的详细目录。

（2）展开"数据库"目录，如图 2-2 所示。

图 2-2　展开数据库目录

通过图 2-2 我们可以看到，在工作区的左边对象资源管理器里列举了"系统数据库""数据库快照""ReportServer""ReportServerTempDB"等目录和文件，右边是摘要，是左边所选对象的详细目录。

（3）用鼠标右键点击"数据库"目录，如图 2-3 所示。用鼠标点击"数据库"目录后，弹出菜单中包含了"新建数据库"命令选项，接下来点击它，就进入了创建数据库界面。

（4）继续用鼠标左键点击"创建新数据库"，进入"创建数据库"界面，如图 2-4 所示。

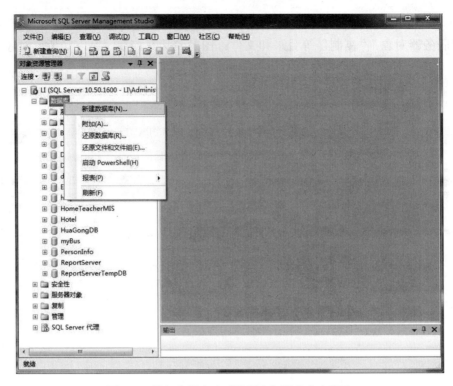

图 2-3　鼠标右键点击"数据库"弹出命令菜单

图 2-4　新建数据库

　　该新建数据库的界面包含了很多内容，窗口左边选项页包括"常规""选项""文件组"。窗口右边部分显示的是左边"常规"项的内容，包括"数据库名称""所有者""数据库文件""数据项"等。在"常规"页中我们着重了解以下创建数据库的内容：

　　✓　数据库名称：需要在"数据库名称"对应的编辑框输入自定义的数据库名称。在这里我们定义和输入数据库名称为"Ebuy"。

　　✓　数据库文件："数据库文件"列表中我们需要关注如下数据列：

　　◆　逻辑名称列：我们在"数据库名称"中输入需要创建的数据库名称"Ebuy"后，"数据库文件"列表内的逻辑名称列，就出现了数据文件逻辑名称为"EBuy_log"，我们也可以不用自动生成的默认文件名，自己修改相应的逻辑名称即可。

　　◆　文件类型列：主要是数据文件和日志文件。可以使用右下方的"添加""删除"命令增加数据文件或删除数据文件列表记录，添加次要数据文件，主要是因为主数据文件太大，或需要分散磁盘 I/O，提高性能等。

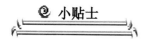 小贴士

　　　日志文件会记录所有发生在数据库的变动和更新，以便遇到硬件损坏等意外时能够将数据恢复到发生意外的时间点上，从而确保数据一致性和完整性。要让日志文件发挥作用，必须将数据文件和日志文件存储在不同的物理磁盘上。

　　◆　文件组列：针对数据文件这里使用默认值 PRIMARY。对于日志文件该列不适用。

　　◆　初始大小列：主要定义物理数据文件初始大小，默认的初始大小为 1 MB。我们先估计的数据库大小，并以估计值作为初始修改默认值。

　　◆　自动增长列：设置主要的数据文件能否自动增长。主要数据文件大小可以是固定的，也可以是能自动增长的。如果可以自动增长，还需要设置自动增长方式，例如，按固定大小自动增长，且不限制文件增长。如图 2-5 所示。

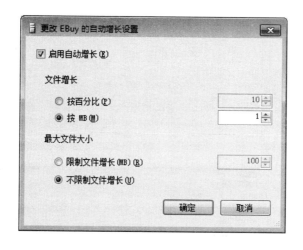

图 2-5　更改数据库文件增长方式

如图 2-5 所示,文件的增长方式有:按百分比增长、按 MB 增长。最大文件大小有:设置限制文件增长和不限制文件增长两种情况。

最后,点击"确定"按钮完成创建数据库,或点击"取消"按钮取消本次操作。

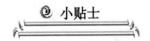 小贴士

如果数据库创建成功,我们可以在相应的系统位置找到创建的数据库文件。

例如:

C:\Program Files\Microsoft SQL Server\MSSQL.1\MSSQL\Data\EBuy.mdf

C:\Program Files\Microsoft SQL Server\MSSQL.1\MSSQL\Data\EBuy_log.ldf

2.2.2　使用 SQL Server 2008 图形界面查看和修改数据库

按创建数据库的方式打开 Microsoft SQL Server Management Studio 工具,用鼠标右键点击 EBuy 数据库节点,在弹出菜单中选择"属性"选项,则会弹出相应对话框。通过数据库属性选项查看数据库信息(如,数据库名称、状态、创建日期、大小等),同时也可以通过修改数据库相应属性达到修改数据库的目的,其中大部分参数创建数据库时都用到过,对参数的操作和创建数据库一样,这里我们就不再一一讲解了。数据库属性界面如图 2-6 所示。

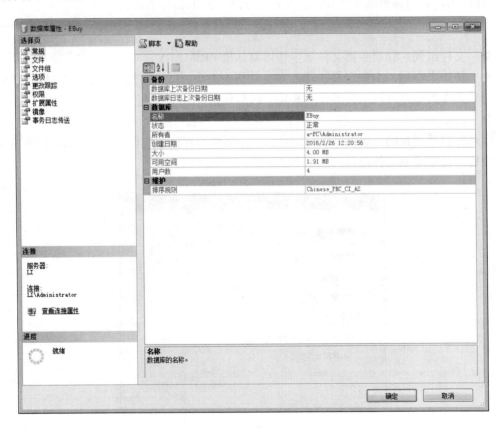

图 2-6　数据库属性界面

2.2.3　修改数据库名称

在 SQL Server 2008 数据库中，除了可以修改数据库的属性之外，还可以修改数据库的名称。修改数据库的名称是通过执行"重命名"来实现的，值得注意的是，在修改数据库的名称之后，该数据库的数据文件和日志文件的存放位置和名称都不会改变，仍然保持原数据库的名称。下面介绍修改数据库名称的步骤：

（1）按创建数据库的方式打开 Microsoft SQL Server Management Studio 工具。

（2）与数据库服务器建立连接，在"对象资源管理器"中展开服务器下的"数据库"节点。

（3）选中要修改数据库名称的数据库节点，这里选择的是"Ebuy"节点。右击该节点，在弹出的快捷菜单中选择"重命名"选项，如图 2-7 所示。

图 2-7　选择重命名选项

（4）在选择"重命名"之后，所选择的数据库名称就处于可编辑状态，此时可以指定新的数据库名称，这里将数据库名称 EBuy 修改为 EBuyNew，如图 2-8 所示。

（5）修改完成后，将鼠标离开所编辑的数据库节点，此时将完成修改数据库名称的操作。

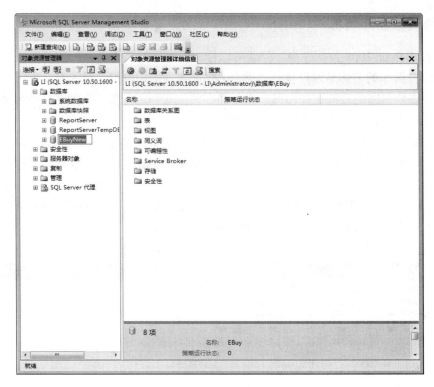

图 2-8　修改数据库名称

2.2.4　收缩数据库

数据库在使用一段时间后，需要对数据库文件进行收缩，以便更加有效地利用数据库的存储空间。在 SQL Server 2008 中，数据库中的数据文件和事务日志文件都可以被收缩。在收缩数据库时，可以成组或单独地手动收缩数据库文件，也可以设置数据库文件，使其按照指定的时间间隔自动进行收缩。下面我们就主要介绍在 Microsoft SQL Server Management Studio 中如何对数据库 EBuy 进行收缩，具体操作步骤如下：

（1）按创建数据库的方式打开 Microsoft SQL Server Management Studio 工具。

（2）与服务器建立连接，然后在"资源管理器"下面选择需要收缩的数据库，点击右键，在弹出的快捷菜单中依次选择"任务"→"收缩"→"数据库"命令，如图 2-9 所示。

（3）接下来，弹出如图 2-10 所示的"收缩数据库"对话框。根据收缩数据库的需要，可以选择"在释放未使用的空间前重新组织文件。选中此选项可能会影响性能"复选框。如果选择该复选框，则必须为"收缩后文件中的最大可用空间"指定数值。

（4）接下来，如果选择了复选框，就需要在"收缩后文件中的最大可用空间"中，输入收缩数据库后数据库文件中剩下的最大可用空间百分比，该数值处于 0~99 之间。

（5）设置完成后，点击"确定"按钮，就可用顺利完成数据库的收缩。

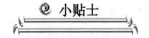
　小贴士

在尝试收缩数据库或事务日志文件时，不能创建数据库或事务日志的备份。相反，在备份数据库或事务日志的同时也不能收缩数据库或事务日志。

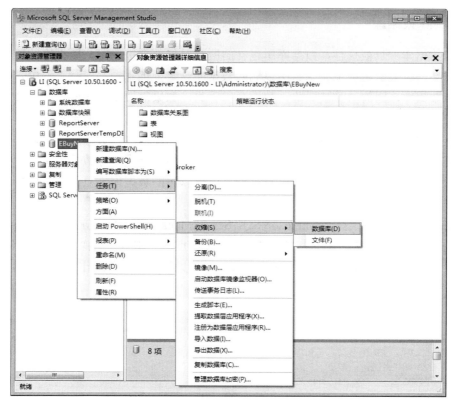

图 2-9　执行收缩数据库命令

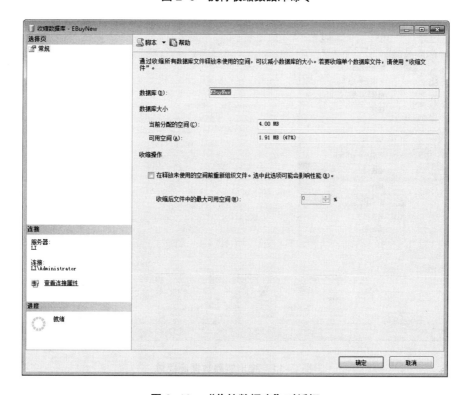

图 2-10　"收缩数据库"对话框

2.2.5　删除数据库

　　删除数据库一旦被执行，数据库所包含的所有对象都会被删除，数据库的所有数据文件和日志文件也会从磁盘上删除。所以删除数据库一定要慎重，在实际工作中，一般不会删除生产数据库，因为一旦被删除，数据全部丢失，如果需要重新获取数据库数据，除非从备份中恢复，显然一个在运行的生产数据库没有人会去删除，然后再去恢复，如果数据库出现一些问题也尽可能不重建数据库，只做调整数据库，这样数据库既可以在人们上班时的工作状态下调整，也可在非工作状态下调整，减少可能因删除数据库带来的损失。不过如果一旦删除某数据库，请立即进行备份，以便以后的数据库恢复能从备份后的数据库开始恢复。

　　按创建数据库的方式打开 Microsoft SQL Server Management Studio 工具，鼠标右键点击 EBuy 数据库，弹出菜单，菜单中有"删除"命令，点击"删除"后弹出删除数据库的确认界面，点击"确认"命令，则删除 EBuy 数据库，如果想取消当前操作则按"取消"命令即可。其操作过程如图 2-11 和图 2-12 所示。

图 2-11　弹出删除数据库菜单

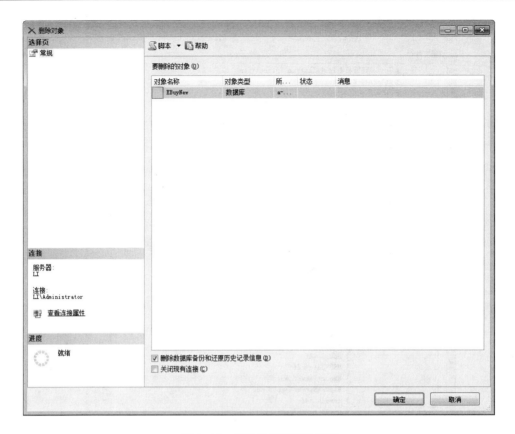

图 2-12　删除数据库确认界面

2.2.6　附加与分离数据库

附加与分离数据库操作是数据库操作中的重要内容。在数据库创建之后经常需要数据库的备份与转移，这就离不开附加与分离数据库。下面我们就重点介绍如何在 Microsoft SQL Server Management Studio 中实现数据库的附加与分离。

1．附加数据库

当我们将数据库的 mdf 文件和 ldf 文件复制到磁盘的某个位置后，就可以对数据库进行附加操作。在附加此数据库之前，先确定我们要附加的数据库没有在当前的数据库系统中，否则就会出错。下面就介绍附加数据库的步骤：

（1）与服务器建立连接后，在"对象资源管理器"中展开"服务器"节点。

（2）选中并右击"数据库"节点，在弹出的快捷菜单中选择"附加"选项。

（3）接下来，在弹出的"附加数据库"对话框中，单击"添加"按钮，则会弹出"定位数据库文件"对话框。

（4）在此对话框中，选择需要附加的数据库 MDF 文件所在的位置，这里选择的是 EBuy.mdf 文件，如图 2-13 所示。

图 2-13　"定位数据库文件"对话框

（5）接下来，单击"确定"按钮返回到"附加数据库"对话框中。此时，在该对话框中就显示了附加数据库的原文件名、文件类型和当前文件路径等信息，如图 2-14 所示。

（6）点击"确定"按钮，完成对 EBuy 数据库的添加。

2．分离数据库

分离数据库是与附加数据库相对应的操作，在 SQL Server 2008 中，如果数据库暂时不使用，可以暂时将其从数据库系统中分离出去。下面就介绍分离数据库 EBuy 的步骤：

（1）打开 Microsoft SQL Server Management Studio，与服务器建立连接后，在"对象资源管理器"中展开"服务器"节点。

（2）选中并右击"数据库"节点下的 EBuy 数据库节点。在弹出的快捷菜单中选择"任务"→"分离"命令，弹出"分离数据库"对话框，如图 2-15 所示。

（3）点击"确定"按钮，则数据库 EBuy 就会从数据库系统中分离出来。

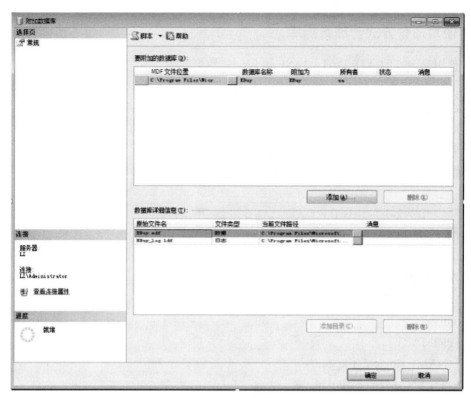

图 2-14　成功添加数据库之后对话框

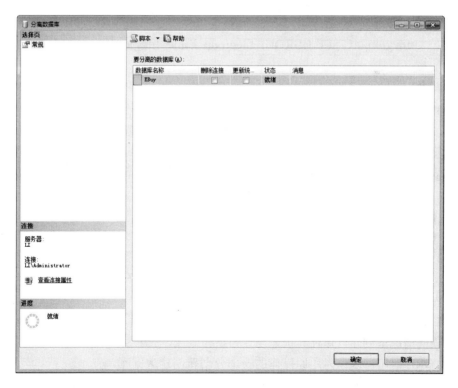

图 2-15　"分离数据库"对话框

2.2.7　使用命令方式管理数据库

1. 使用命令 CREATE DATABASE 语句创建数据库

除了可以使用图形界面创建、修改、删除数据库外，还可以使用 T-SQL 的命令方式创建、修改、删除数据库，这些操作将使用"新查询编辑器窗口"完成（"新查询编辑器窗口"的用法该在上机部分有详细说明，接下来的使用命令方式管理数据库表一节也是使用"新查询编辑器窗口"来完成）。

创建数据库的 CREATE DATABASE 语句的语法规则如示例代码 2-1 所示。

```
示例代码 2-1：CREATE DATABASE 语句语法规则
CREATE DATABASE database_name
[ON [<filespec>[,…n]][,<filegroup>[,…n]]]
[LOG ON{<filespec>[,…n]}]
[FOR LOAD|FOR ATTACH]
<filespec>∷=
[PRIMARY]
（[NAME=logical_file_name,]
    FILENAME=os_file_name
    [,SIZE=size]
    [,MAXSIZE={max_size|UNLIMITED}]
    [,FILEGROWTH=growth_increment]）[,…n]
        <filegroup>∷=FILEGROUP filegroup_name<filespec>[,…n]
```

参数说明：

database_name：新建数据库名称。在服务器中唯一。

ON：指定显示定义用来存储数据库部分的磁盘文件（数据文件）。当后跟以逗号分隔的用来定义主文件组的数据文件的<filespec>项列表时，该关键字是必须的。主文件组的文件列表可跟以逗号分隔的<filegroup>项列表（可选），<filegroup>项用以定义文件组及其文件。

n：占位符，表示可以为新数据库指定多个文件。

LOG ON：指定显示定义用来存储数据库日志的磁盘文件（日志文件）。该关键字跟以逗号分隔的用来定义日志文件的<filespec >项列表。如果没有指定 LOG ON，则会自动创建一个日志文件，其名称由系统生成，大小为 0.5 或数据库中所有数据文件大小总和的 25%，取其中较大者。

FOR LOAD：支持该子句是为了与较早版本 SQL Server 兼容，数据库打开 dbo use only 数据库选项的情况下创建，并且其状态设置为正在装载，SQL Server 7.0 版本不需要该子句，因为 RESTORE 语句可以作为还原操作的一部分创新创建数据库。

FOR ATTACH：指定从现有的一组操作系统文件中附加数据库。附加数据库必须使用与 SQL Server 相同的代码页和排序次序创建。

　　PRIMARY：指定关联的\<filespec\>列表定义主文件。主文件组包含所有数据库系统表，还包括所有未指派给用户文件组的对象，主文件组的第一个\<filespec\>条目成为主文件，该文件包含数据库的逻辑起点及系统表。一个数据库只能由一个主文件。如果没有指定 PRIMARY，那么 CREATE DATABASE 语句将列出的第一个文件将成为主文件。

　　NAME：为由\<filespec\>定义的文件指定逻辑名称。如果指定了 FOR ATTACH，则不需要指定 NAME 参数。

　　logical_file_name：用来创建数据库后执行的 T-SQL 语句中引用文件的名称，必须唯一。

　　FILENAME：为\<filespec\>定义的文件指定操作系统文件名。

　　os_file_name：操作系统创建\<filespec\>定义的物理文件时使用的路径名称和文件名称。

　　SIZE：指定\<filespec\>中定义的文件大小。

　　MAXSIZE：指定\<filespec\>中定义的文件可增长到的最大大小。

　　UNLIMITED：指定\<filespec\>中定义的文件可增长到磁盘满为止。

　　FILEGROWTH：指定\<filespec\>中定义的文件增长的增量，不超过 MAXSIZE。

　　例如：我们以命令方式创建 EBuy 数据库如示例代码 2-2 所示。

```
示例代码 2-2：创建 EBuy 数据库
CREATE DATABASE EBuy ON PRIMARY
 ( NAME=N'EBuy',
   FILENAME=N'C:\Program Files\Microsoft SQL Server\MSSQL.1\
   MSSQL\Data\EBuy.mdf',
   SIZE=3072KB,
   MAXSIZE=UNLIMITED,
   FILEGROWTH=1024KB)
LOG ON
 ( NAME=N'EBuy_log',
   FILENAME=N'C:\Program Files\Microsoft SQL Server\MSSQL.1\
   MSSQL\Data\EBuy_log.ldf',
   SIZE=1024KB,
   MAXSIZE=2048KB,
   FILEGROWTH=10%)
```

2. 使用命令 ALTER DATABASE 语句修改数据库

　　ALTER DATABASE 提供了更改数据库名称、文件组名称以及数据文件和日志文件的逻辑名称的功能。

　　使用 T-SQL 命令方式修改数据库的语法规则如示例代码 2-3 所示。

```
示例代码 2-3：命令方式修改数据库的语法规则
ALTER DATABASE database_name
```

```
{ADD FILE <filespec>[,…n] [TO FILEGROUP filegroup_name]
|ADD LOG FILE <filespec>[,…n]
|REMOVE FILE logical_file_name
|ADD FILEGROUP filegroup_name
|MODIFY FILE <filespec>
|MODIFY NAME=new_dbname
|MODIFY FILEGROUP
filegroup_name{filegroup_property|NAME=new_filegroup_name}}
```

参数说明：

database_name：更改的数据库名称。

ADD FILE <filespec>[,…n][TO FILEGROUP filegroup_name：向指定的文件组添加新的数据文件。

ADD LOG FILE <filespec>[,…n]：将新的日志文件添加到指定的数据库。

REMOVE FILE logical_file_name：从数据库系统中删除文件描述并删除物理文件。旨在文件为空时删除。

MODIFY FILE <filespec>：指定要更改的文件，更改的选项包括：FILENAME、SIZE、FILEGROWTH 和 MAXSIZE。一次只能更改属性中的一种。必须在<filespec>指定 NAME，表示要更改的文件。

MODIFY NAME=new_dbname：要更改的数据文件或日志文件逻辑名称。并在 new_dbname 指定新逻辑名称。

MODIFY FILEGROUP filegroup_name{filegroup_property|NAME=new_filegroup_ name}：指定要修改的文件组以及所需要的改动。

例如：我们修改创建的 EBuy 数据库，向数据库添加 5 M 大小的新数据文件，如示例代码 2-4 所示。

```
示例代码2-4：命令方式修改数据库
    ALTER DATABASE EBuy ADD FILE
    (
    NAME=testdat2,
    FILENAME='C:\Program Files\Microsoft SQL   Server\MSSQL.1\
    MSSQL\Data\EBuy_add.ldf',
    SIZE=5MB,
    MAXSIZE=100MB,
    FILEGROWTH=5MB
    )
```

3．使用命令 DROP DATABASE 语句删除数据库

使用命令方式删除数据库将删除数据库所使用的数据文件和磁盘文件。

命令方式删除数据库的语法规则如示例代码 2-5 所示。

示例代码 2-5：命令方式删除数据库的语法
DROP DATABASE database_name

例如：删除我们创建的数据库 EBuy，如示例代码 2-6 所示。

示例代码 2-6：命令方式删数据库
DROP DATABASE EBuy

2.3　SQL Server 数据库基本数据类型

我们在使用 SQL Server 数据库的时候经常需要用到数据库的基本类型，就如同使用 Oracle、DB2 数据库一样，需要深入了解其基本数据类型。例如，定义数据库表时需要定义数据库表的字段类型、数据库进行算术运算时也需要知道数据类型等。此节我们将详细介绍 SQL Server 的基本数据类型。

1．bit 整型

bit 数据类型是整型，其值只能是 0、1 或空值。这种数据类型用于存储只有两种可能值的数据，如，Yes 或 No、True 或 False、On 或 Off。

2．int 整型

int 数据类型可以存储从–2147483648 到 2147483647 之间的整数。存储到数据库的几乎所有数值型的数据都可以用这种数据类型。这种数据类型在数据库里占用 4 个字节。

3．smallint 整型

smallint 数据类型可以存储从–32768 到 32767 之间的整数。这种数据类型对存储一些常限定在特定范围内的数值型数据非常有用。这种数据类型在数据库里占用 2 字节空间。

4．tinyint 整型

tinyint 数据类型能存储从 0 到 255 之间的整数。它在你只打算存储有限数目的数值时很有用。这种数据类型在数据库中占用 1 个字节。

5．numeric 精确数值型

numeric 数据类型与 decimal 型相同。

6．decimal 精确数值型

decimal 数据类型能用来存储从$-10^{38}-1$ 到 $10^{38}-1$ 的固定精度和范围的数值型数据。使用这种数据类型时，必须指定范围和精度。范围是小数点左右所能存储的数字的总位数。精度是小数点右边存储的数字的位数。

7．money 货币型

money 数据类型用来表示钱和货币值。这种数据类型能存储从–9220 亿到 9220 亿之间的数据，精确到货币单位的万分之一。

8．smallmoney 货币型

smallmoney 数据类型用来表示钱和货币值，这种数据类型能存储从–214748.3648 到

214748.3647 之间的数据，精确到货币单位的万分之一。

9．float 近似数值型

float 数据类型是一种近似数值类型，供浮点数使用。说浮点数是近似的，是因为在其范围内不是所有的数都能精确表示。浮点数可能是从-1.79E+308 到 1.79E+308 之间的任意数。

10．real 近似数值型

real 数据型像浮点数一样，是近似数值类型。它可以表示数值在-3.40E+38 到 3.40E+38 之间的浮点数。

11．datetime 日期时间型

datetime 数据类型用来表示日期和时间。这种数据类型存储从 1753 年 1 月 1 日到 9999 年 12 月 31 日间所有的日期和时间数据，精确到三百分之一秒或 3.33 毫秒。

12．smalldatetime 日期时间型

smalldatetime 数据类型用来表示从 1900 年 1 月 1 日到 2079 年 6 月 6 日间的日期和时间，精确到一分钟。

13．timestamp 特殊数据型

timestamp 数据类型是一种特殊的数据类型，用来创建一个数据库范围内的唯一数码。一个表中只能有一个 timestamp 列。每次插入或修改一行时，timestamp 列的值都会改变。尽管它的名字中有"time"，但 timestamp 列不是人们可识别的日期。在一个数据库里，timestamp 值是唯一的。

14．char 字符型

char 数据类型用来存储指定长度的非统一编码型的数据。当定义一列为此类型时，则必须指定列长。当知道存储数据的长度时，此数据类型很有用。例如，当按邮政编码加 4 个字符格式来存储数据时，我们就知道要用到 10 个字符。此数据类型的列宽最大为 8000 个字符。

15．varchar 字符型

varchar 数据类型，同 char 类型一样，用来存储非统一编码型字符数据。但与 char 型不同的一点是此数据类型为变长。当定义一列为该数据类型时，需要指定该列的最大长度。它与 char 数据类型最大的区别是，存储的长度不是列长，而是数据的长度。

16．text 字符型

text 数据类型用来存储大量的非统一编码型字符数据。这种数据类型最多可以有 $2^{31}-1$ 或 20 亿个字符。

17．nchar 统一编码字符型

nchar 数据类型用来存储定长统一编码字符型数据。统一编码用双字节结构来存储每个字符，而不是单字节（普通文本中的情况）。它允许大量的扩展字符。此数据类型能存储 4000 个字符，使用的字节空间上增加了一倍。

18．nvarchar 统一编码字符型

nvarchar 数据类型用作变长的编码字符型数据。此数据类型能存储 4000 个字符，使用的字节空间增加了一倍。

19．ntext 统一编码字符型

ntext 数据类型用来存储大量的统一编码字符型数据。这种数据类型能存储 $2^{30}-1$ 或将近 10 亿个字符，且使用的字节空间增加了一倍。

20．binary 二进制数据类型

binary 数据类型用来存储可达 8000 字节长的定长的二进制数据。当输入表的内容接近相同的长度时，应该使用这种数据类型。

21．varbinary 二进制数据类型

varbinary 数据类型用来存储可达 8000 字节长的变长的二进制数据。当输入表的内容大小可变时，应该使用这种数据类型。

22．image 二进制数据类型

image 数据类型用来存储变长的二进制数据，最大可达 $2^{31}-1$ 或大约 20 亿字节。

2.4　管理 SQL Server 数据库表

我们建立了数据库，需要使用数据库表来存放用户的应用数据，即记录。有时候创建数据库表时常常出错，或由于客户需求的变更，需要修改或删除数据库表等。所以我们需要很好的管理数据库表，管理数据库表是数据库应用时不可缺少的，且非常重要。

管理 SQL Server 数据库表方面，我们主要讲解创建数据库表、修改数据库表、删除数据库表。

创建表以后，直接给出命令方式创建表（可以大家一起讨论哪一种方案比较合理）。

2.4.1　使用 SQL Server 2008 图形界面管理数据库表

通过管理第一章中的电子商城范例的客户信息表（customer）为例，来讲解对数据库表的创建、修改、查看、删除操作。

1．创建电子商城范例的客户信息表（customer）

（1）打开 Microsoft SQL Server Management Studio 工具。展开已经创建的数据库（EBuy），右击"表"，从弹出菜单单击"新建表"项，如图 2-16 所示。

（2）在弹出的编辑窗口中分别输入各列的名称、数据类型、长度是否允许为空等属性，如图 2-17 所示。

（3）输入完成各列属性以后，单击工具栏上的"保存"按钮，则会弹出给表取名的对话框"选择名称"，如图 2-18 所示。

在给用例我们给表取名"customer"，然后点击"确定"按钮，就创建了 customer 数据库表。

2．修改电子商城范例的客户信息表（customer）

1）更改表名

SQL Server 允许改变一个表的名字，但当改变表名后，与此相关的某些对象（如视图），以及通过该表名与表相关的存储过程将无效，因此，尽量不要修改已存在的表名，特别是在其上建立了视图的相关表。更重要的是在应用程序编程时，SQL 语句嵌入到语言中较多时，所以我们最好不要轻易更改表名。

将 EBuy 数据库中的"customer"表名改为"memory"，操作如下：

（1）首先，使用 Microsoft SQL Management Studio 工具展开我们创建的 EBuy 数据库，单击"表"选项，找到创建的新表 customer，查找数据库表，如图 2-19 所示。

图 2-16 新建数据库表

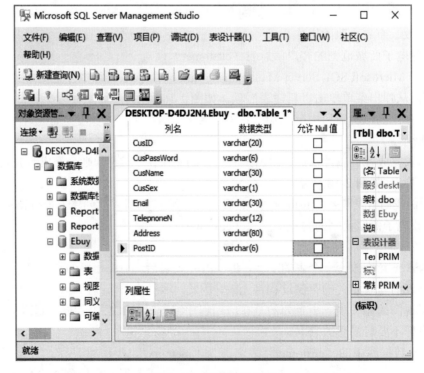

图 2-17 编辑表的各列

图 2-18　给新建的表取名字

图 2-19　查找新创建的表 customer

（2）然后，鼠标右键点击"customer"表选项，从弹出菜单选择"重命名"，修改表 customer 的名字，如图 2-20 所示。

（3）最后，在表名的位置上输入新表的名字"memory"，然后按"回车键"，则更改表的名为"memory"，如图 2-21 所示。

2）增加表列和修改现有表列属性

增加表列的基本步骤，前两步和修改表名称一样，只是第二步从弹出菜单选择"设计"。鼠标点击"设计"后，进入修改界面，在表的最后空行的"列名"这一列增加"Age"年龄属性，并且也可以在此修改已存在的表列的属性（如，实否非空，数据类型，原来的列名等），增加列或修改列属性后按"保存"即可，如图 2-22 所示。

图 2-20　修改表名

图 2-21　输入新表名

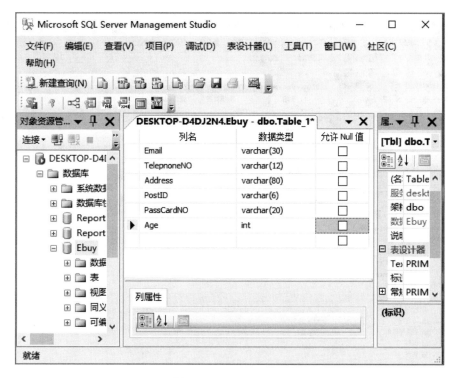

图 2-22　增加新列和修改已存在列的属性等

> 在 SQL Server 中可以修改表结构，如更改列名、列的数据类型、长度、是否为空等属性。但是建议当数据库表中有记录后，不要轻易的修改表的结构，特别是修改列的数据类型，以免产生错误。
>
> 下面的数据类型不能被修改：
>
> （1）具有 text、ntext、image、timestamp 数据类型的列。
>
> （2）计算列或用计算列中的列。
>
> （3）全局标识列。
>
> （4）被复制列。
>
> （5）用于索引的列，但可以增加数据类型为 varchar、nvarchar、varbinary 的列长。
>
> （6）用于主键约束、外键约束、CHECK 约束或 UNIQUE 约束的列（用于 CHECK、UNIQUE 约束中的可变长度的长度仍然允许更改）。
>
> （7）绑定了默认对象的列。

3）删除表列

删除表列的基本步骤和增加表列的步骤一样，只是最后不是增加表列，而是从现有的表列中选中要删除的列，然后鼠标右击该选中的列，弹出菜单，菜单中有删除列命令，只要点击"删除列"命令即可删除数据，如图 2-23 所示。

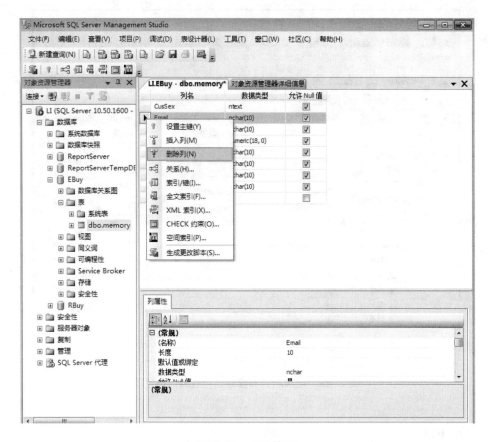

图 2-23　删除表列

　　从删除表列的产出菜单中可以看到还有"插入列"等命令项,据此,我们也可以在被选中列位置插入新列。

　　3. 查看电子商城范例的客户信息表（customer）

　　查看 SQL Server 数据库表的步骤如下:

　　（1）打开 Microsoft SQL Server Management Studio 工具。

　　（2）展开数据库实例→展开"数据库"→展开"Ebuy"数据库→展开"表",这时将显示所有的当前数据库的表。

　　（3）选中要查看的数据库表。

　　（4）展开表,这时可以看到表的各种成分:如列、键、约束等。如果需要查看创建的表 customer,查看结果如图 2-24 所示。

　　4. 删除电子商城范例的客户信息表（customer）

　　删除 SQL Server 数据库表的步骤如下:

　　（1）打开 Microsoft SQL Server Management Studio 工具。

　　（2）展开数据库实例→展开"数据库"→展开"Ebuy"数据库→展开"表",这时将显示所有的当前数据库的表。

　　（3）选中要删除的数据库表,然后单击右键,从弹出菜单点击"删除"命令,这时将弹出删除数据库表的确认界面,只要按"确定"命令按钮即可。删除数据库表如图 2-25 所示。

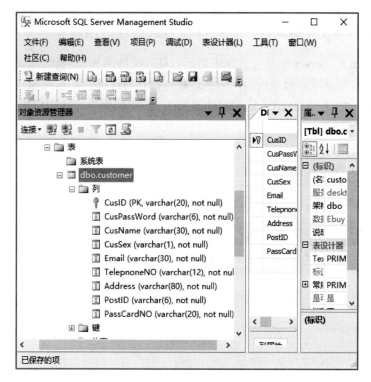

图 2-24　查看数据库表

图 2-25　删除数据库表

2.4.2　在 SQL Server 数据库中使用命令方式管理数据库表

我们在使用 SQL Server 创建数据库表时，往往首选图形界面创建数据库表，这是因为图形界面直观，操作简单等原因导致的，当然这是一种好的选择。其实在 SQL Server 中我们可以使用 T-SQL 的 CREATE TABLE 语句创建数据库表，即用命令方式创建数据库表。接下来我们将讲解使用命令方式管理数据库表，即，创建数据库表、修改数据库表、删除数据库表等。

1. 创建数据库表

除了使用 SQL Server 图像界面创建数据库表外，也可以使用 T-SQL 的 CREATE TABLE 创建数据库表，命令创建数据库表的语法如示例代码 2-7 所示。

示例代码 2-7：创建数据库表的语法简单规则
CREATE　　TABLE[数据库名称.][表的属主.]自定义表名 　　（ 　　自定义列名 1　　列类型及大小　　列的约束， 　　⋮ 　　自定义列名 n　　列类型及大小　　列的约束 　　　）

例如，我们需要创建商品类别表，该表有两个字段：商品类别号和商品类别名称，如示例代码 2-8 所示。

示例代码 2-8：创建数据库表
CREATE TABLE EBuy.dbo.commodity_category (CatID int primary key, CatName varchar(30) not null)

以上语句在 Microsoft SQL Server Management Studio 工具上被执行成功后，经过界面"刷新"就能在 EBuy 数据库的"表"下，就能找到该表。大家已经对 Microsoft SQL Server Management Studio 界面比较熟悉了，这里就不再给出界面示例。

2. 修改数据库表

（1）给表增加列

给现有的表增加新列的语法规则如示例代码 2-9 所示。

示例代码 2-9：增加数据库表新列的语法简单规则
ALTER TABLE [数据库名称.][表的属主.]表名 　ADD 新加的列名 列类型 列约束

我们给创建的 EBuy.dbo.commodity_category 表增加一个新列——商品类型简称（ComName），如示例代码 2-10 所示。

```
示例代码 2-10：增加数据库表新列

ALTER TABLE EBuy.dbo.commodity_category
ADD ComName varchar(15) not null
```

（2）修改表现有的列属性

修改表现有的列属性的语法规则，如示例代码 2-11 所示。

```
示例代码 2-11：修改表现有的列属性

ALTER TABLE [数据库名称.][表的属主.]表名
ALTER COLUMN  原列名 新列类型 新列约束
```

修改刚创建 EBuy.dbo.commogity_category 表的 ComName 列的类型为 int 型，如示例代码 2-12 所示。

```
示例代码 2-12：修改表现有的列属性

ALTER TABLE EBuy.dbo.commodity_category
ALTER COLUMN ComName int not null
```

（3）删除表现有的列

删除表现有的列的语法规则，如示例代码 2-13 所示。

```
示例代码 2-13：删除表现有的列

ALTER TABLE [数据库名称.][表的属主.]表名
DROP COLUMN  原列名
```

我们删除刚创建 EBuy.dbo.commodity_category 表的 ComName 列，如示例代码 2-14 所示。

```
示例代码 2-14：删除表现有的列

ALTER TABLE EBuy.dbo.commodity_category
DROP COLUMN ComName
```

3. 删除数据库表

删除数据库表的语法规则较简单，其规则为：DROP TABLE 表名。

删除数据库表的示例：DROP TABLE EBuy.dbo.commodity_category。

2.5　导入与导出数据

为了方便用户对数据库中的数据记录进行管理，SQL Server 还提供了数据的导入与导出的功能。本节主要讲解导入 SQL Server 数据库中的数据，导出数据到 Excel 和导出数据到文本文件三个方面的操作。

2.5.1　导入 SQL Server 数据库中的数据

在 SQL Server 各个数据表之间，也可以实现导入导出数据表的操作，本节主要讲解如何导入 SQL Server 数据库中的数据。下面我们就将 EBuy 数据库中的 customer 表中的数据，导入到 EBuyNew 数据库中，具体步骤如下所示：

（1）首先，与服务器建立连接，在 Microsoft SQL Server Management Studio 窗口中的"对象资源管理器"中展开"服务器"节点。

（2）选中"EBuyNew"数据库节点，点击右键，在弹出的快捷菜单中选择"任务"→"导入数据"。

进入"欢迎使用 SQL Server 导入导出向导"界面，点击"下一步"按钮，进入"选择数据源"界面，如图 2-26 所示。在界面中的"数据源"选项中选择，SQL Native Client 选项；在"服务器名称"选项选择：（local）；在"数据库"中选择 EBuy 数据库。

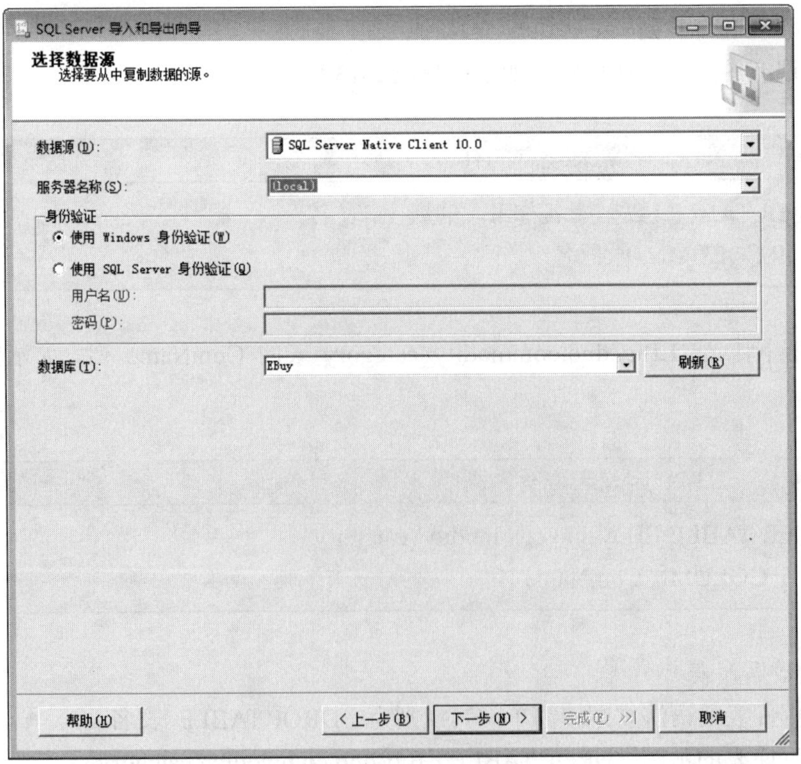

图 2-26　"选择数据源"界面

（3）点击"下一步"，进入"选择目标"界面，在"目标"选项中选择 SQL Native Client 选项；在"服务器名称"中选择服务器名称；在"数据库"中选择 EBuyNew 数据库，如图 2-27 所示。

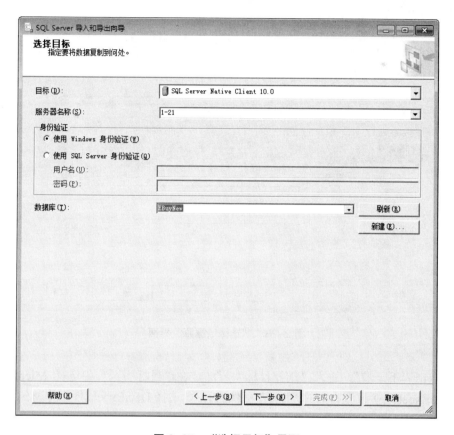

图 2-27　"选择目标"界面

（4）点击"下一步"，进入"指定表复制或查询"界面，选择"复制一个或多个表或视图的数据"。

（5）点击"下一步"，进入"选择源表和源视图"界面中选择我们要复制的表"customer"。

（6）点击"下一步"，进入"保存并执行包"界面，选择"立即执行"，点击"完成"按钮，即可实现将 EBuy 数据库中的"customer"表，复制到"EBuyNew"数据库中。

2.5.2　导出数据到 Excel

我们有时候需要将数据库中的数据信息，导出到 Excel 工作薄中，使用起来就会更加方便，下面我们主要讲解如何将 EBuy 数据库中的"customer"表中的数据，导出到 Excel 工作薄 DataExcel.xls 中（此 DataExcel.xls 是已经存在的文件），具体实现步骤如下：

（1）首先，与服务器建立连接，在 Microsoft SQL Server Management Studio 窗口中的"对象资源管理器"中展开"服务器"节点。

（2）选中"EBuy"数据库节点，点击右键，在弹出的快捷菜单中选择"任务"➜"导出数据"

　　进入"欢迎使用 SQL Server 导入导出向导"界面，点击"下一步"按钮，进入"选择数据源"界面，如图 2-28 所示。在界面中的"数据源"选项中选择，SQL Native Client 选项；在"服务器名称"选项选择"1-21"（注："1-21"为当前服务器名称）；在"数据库"中选择 EBuy 数据库。

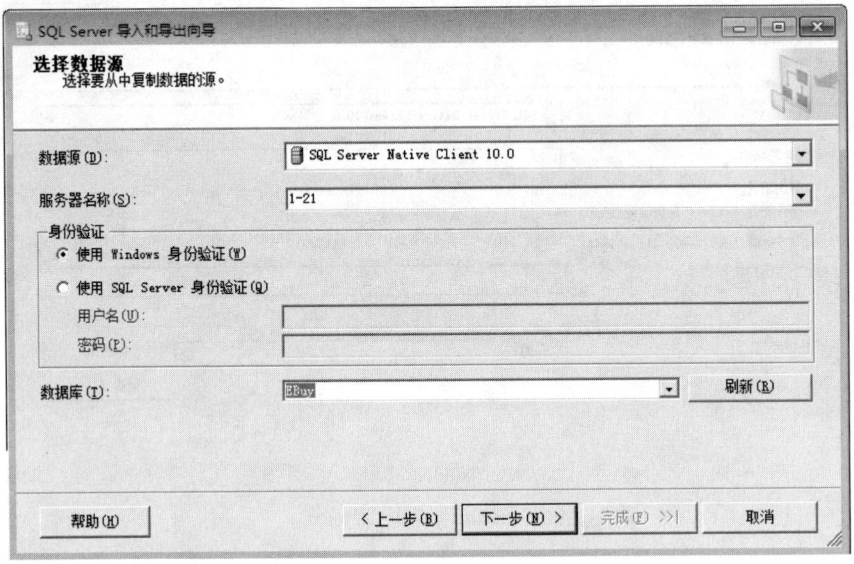

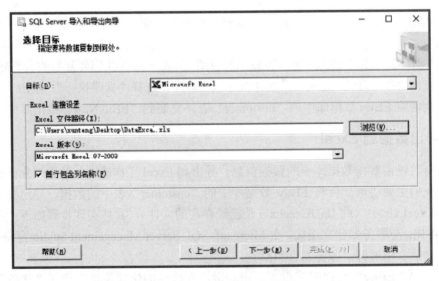

图 2-28　　"选择数据源"界面

　　（3）点击"下一步"，进入"选择目标"界面，在"目标"选项中选择 Microsoft Excel 选项；在"Excel 连接设置"中的"Excel 文件路径"，选择 DataExcel.xls 工作薄的绝对路径，如图 2-29 所示。

图 2-29　　"选择目标"界面

（4）点击"下一步"，进入"指定表复制或查询"界面，选择"复制一个或多个表或视图的数据"。

（5）点击"下一步"，进入"选择源表和源视图"界面中选择我们要复制的表"customer"。

（6）点击"下一步"，进入"保存并执行包"界面，选择"立即执行"，点击"完成"按钮，即可实现将 EBuy 数据库中的"customer"表中的数据导出到 DataExcel.xls 表中。

2.5.3　导出数据到文本文件

数据库中的数据除了可以导出到 Excel 工作簿中，还可以导出到文本文件中。下面我们就讲解如何将数据库 EBuy 中的"customer"表中的数据，导出到文本文件中（文本文件应提前创建：text.txt），具体步骤如下所示：

（1）首先，与服务器建立连接，在 Microsoft SQL Server Management Studio 窗口中的"对象资源管理器"中展开"服务器"节点。

（2）选中"EBuy"数据库节点，点击右键，在弹出的快捷菜单中选择"任务"→"导出数据"

进入"欢迎使用 SQL Server 导入导出向导"界面，点击"下一步"按钮，进入"选择数据源"界面，如图 2-30 所示。在界面中的"数据源"选项中选择，SQL Native Client 选项；在"服务器名称"选项选择"1-21"（注："1-21"为当前服务器名称）；在"数据库"中选择 EBuy 数据库。

图 2-30　"选择数据源"界面

（3）点击"下一步"，进入"选择目标"界面，在"目标"选项中选择平面文件目标选项；在"文件名"中，输入 text.txt 文件的绝对路径，如图 2-31 所示。

（4）点击"下一步"，进入"指定表复制或查询"界面，选择"复制一个或多个表或视图的数据"。

（5）点击"下一步"，进入"配置平面文件目标"界面，在"源表或源视图"选项，选择需要导出数据的表"customer"表。

（6）点击"下一步"，进入"保存并执行包"界面，选择"立即执行"，点击"完成"按钮，即可实现将 EBuy 数据库中的"customer"表中的数据导出到文本文件 text.txt 中。

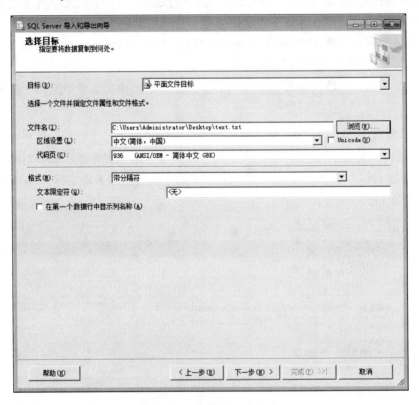

图 2-31　　"选择目标"界面

2.6　小结

➤　熟练掌握使用 SQL Server 2008 Microsoft SQL Server Management Studio 工具创建 SQL Server 数据库，比如，能按自己的要求给数据库取名字、指定数据文件目录、日志文件目录等，还要能够按需求的变化修改数据库参数。

➤　深入掌握使用 Microsoft SQL Server Management Studio 工具管理数据库表。数据库表是用来存储数据的地方，我们只要使用数据库就必须与数据库的数据表打交道，所以精通 SQL Server 数据库表的管理，对了解、掌握、使用 SQL Server 很重要，我们必须掌握创建数据库表，修改数据库表，删除数据库表等内容。

➤ 熟悉和使用 SQL Server 的基本类型，如：int、decimal、char、varchar 等数据类型。

2.7　英语角

CREATE　　　　创建
ALTER　　　　修改
DROP　　　　删除
DATABASE　　数据库
TABLE　　　　表
COLUMN　　　列

2.8　作业

1. char 和 varchar 数据类型有何区别？请举例说明。

2. 创建 SQL Server 数据库不指定日志文件是否可以？为什么？

3. 简述使用 SQL Server 2008 Microsoft SQL Server Management Studio 工具创建 SQL Server 数据库。

2.9　思考题

为什么大部分人在 SQL Server 数据库上操作和使用简单的 SQL 语句时总喜欢用图形界面工作，很少人用命令方式工作？

2.10　学员回顾内容

创建 SQL Server 数据库及管理 SQL Server 数据库表。

参考资料
郭振民，《SQL Server 数据库技术》，中国水利水电出版社，2009. 李（Michaer Lee），比克（Gentry Bieker），《精通 SQL Server 2008》，清华大学出版社，2010. 明月科技，《SQL Server 从入门到精通》，清华大学出版社，2012. 网上 SQL Server 数据库技术资料。

第 3 章 完整性约束

学习目标

♦ 理解数据库完整性的概念。

♦ 熟练掌握实体完整性、域完整性、参照完整性的概念及其在应用数据库设计中的应用。

课前准备

1. 数据库完整性。
2. 实体完整性。
3. 域完整性。
4. 参照完整性。

3.1 本章简介

我们在上一章中讲解了数据库存储的基本概念和基本操作（数据库管理，数据库表管理），但是，在讲解关于数据库表的管理方面，仅仅涉及创建、修改、删除数据库表内容，而没有考虑到表的属性是否重复、是否符合；属性值是否有条件约束。例如，在工资表中，员工的工资是否大于 0，员工所在的部门是否存在等问题，被我们归纳为数据库完整性问题，本章将讲解数据库数据完整性概念及应用。

3.2 数据库完整性约束概念

1. 数据库完整性

数据库的完整性是指数据库表中的数据具有正确性、有效性、相容性。可以有效地防止错误的数据进入数据库。

（1）正确性

正确性是指数据的合法性。例如，一个数值型数据含有 0，1，2，3，4，5，6，7，8，9，不能含有字母或特殊符号，否则就不正确，失去了完整性。

（2）有效性

有效性是指数据是否属于定义的有效范围。例如，一年 1，2，3，4，5，6，7，8，9，10，11，12 共计 12 个月，如果出现第 13 个月明显是无效的数据。

（3）相容性

相容性是指在多用户多任务的情况下，保证更新时数据不出现与实际不一致的情况。同一个事实两个数据相容，不一致就不相容。

总之，数据库完整性约束是指设计完整性规则用以保持数据的一致性和正确性，这些规则对输入的数据进行检查。数据库管理系统通过维护数据的完整性，来防止存储垃圾数据。每种 DBMS 都有一套用于保证数据完整性的工具。

2. 数据完整性

数据完整性主要有四类：实体完整性、域完整性、参照完整性（引用完整性）和用户定义完整性（本章不作讲解）。

（1）实体完整性

实体完整性将行定义为特定表的唯一实体。实体完整性强制表的标识符列或主键的完整性：

✓　UNIQUE 约束；

✓　PRIMARY KEY 约束；

✓　IDENTITY 属性。

（2）域完整性

域完整性是指给定列的输入有效性。强制域有效性的方法有：

✓　限制类型（通过数据类型）；

✓　可能值的范围（通过 FOREIGN KEY 约束、CHECK 约束、DEFAULT 定义、NOT NULL 定义）。

（3）参照完整性

在输入或删除记录时，参照完整性保持表之间已定义的关系。在 SQL Server 2008 中，参照完整性基于外键与主键之间或外键与唯一键之间的关系（通过 FOREIGN KEY 和 CHECK 约束）。参照完整性确保键值在所有表中一致。这样的一致性要求不能引用不存在的值，如果键值更改了，那么在整个数据库中，对该键值的所有引用要进行一致的更改。

3.2.1　SQL Server 完整性的实现

SQL Server 提供一套确保数据完整性的方法，主要有约束、规则、触发器等。本章将讲解 SQL Server 各种完整性技术中的约束部分，其他部分在以后的学习中介绍。

3.2.2　列约束和表约束

在定义基本表时，对于某些列以及整个表有时需要定义一些完整性的约束条件，分别称作列级和表级约束条件，来构成列约束和表约束。列约束包含在列的定义中，通常指对该列进行约束；表级约束可以放在该表的最后一个列之后定义，对整个表进行约束。SQL Server 根据不同的用途提供了多种约束，主要包括主键约束、外键约束、唯一约束、CHECK 约束等。

约束主要是在创建表和修改表时进行定义，在 T-SQL 中通过 CREATE TABLE、ALTER TABLE 命令完成。在 Microsoft SQL Server Management Studio 工具中新建表、修改表、管理索引等弹出菜单项完成。

有些约束可以在创建数据库表时就建立起来，如默认、规则等数据库对象。下面我们就讲解创建和修改数据库表语法定义。

1. 创建数据库表语法规则（示例代码 3-1）

示例代码 3-1：创建数据库表语法规则
CREATE TABLE 表名 　　（<列名><数据类型>[<列级完整性约束>][,…] 　　　　　[，UNIQUE（列名[，列名]…）] 　　　　　[，PRIMARY KEY（列名[，列名]…）] 　　　　　[，FOREIGN KEY（列名[，列名]…）REFERENCES 表名（列名[，列名]…）] 　　　）；

创建数据库表的时候建立约束，如示例代码 3-2 所示。

示例代码 3-2：建立数据库表时建立约束
CREATE TABLE EBuy.dbo.orders(OrdID int NOT NULL, CusID varchar(20) NOT NULL, ComID int NOT NULL, Amount int NOT NULL, PayAmount decimal(10,2)NOT NULL, PayWay varchar(50) NOT NULL, Dtime datetime NOT NULL, IsAfirm varchar(1) NULL, IsSendGoods varchar(1) NULL, FOREIGN KEY(CusID) REFERENCES customer(CusID))

示例代码 3-2 所示，创建数据库表 orders 时，给所有的表列指定了列约束"NOT NULL"或"NULL"，并且在定义完所有表列以后创建了外键约束。

小贴士

在为数据库表 orders 指定外键约束时，数据库表 customer 必须是已经创建好了的。

2. 修改数据库表的语法规则（示例代码 3-3）

示例代码 3-3：修改数据库表语法规则

```
ALTER TABLE  表名
[ADD  子句]
[ALTER COLUMN  子句]
[DROP  子句]
[ADD CONSTRAINT  子句]
[DROP CONSTRAINT  子句]
```

修改表时建立约束，如示例代码 3-4 所示。

示例代码 3-4：建立 CHECK 约束

```
ALTER TABLE EBuy.dbo.orders
ADD CONSTRAINT amount_check CHECK(Amount>0)
```

如示例代码 3-4 所示，对表 orders 进行了修改，增加了对表的订单商品数量字段 Amount 的 CHECK 检查约束，约束名称为：amount_check。

3.2.3 主键约束

主键约束属于实体完整性。主键约束主要用来标识实体集中每个实体对象的唯一性，以区别实体集中其他实体对象。例如，我们在银行开设自己的银行账户，计算机系统能自动给出一个银行账户号，该银行账户号在系统中是唯一标识该银行账户的，在银行账户表中是不能重复的，并且是不能为空的。

主键约束也称为 PRIMARY KEY 约束。在创建表时，可以通过使用 PRIMARY KEY 定义约束。主键约束既可以用作列级约束，也可以用作表级约束。如果某个列或列组合定义为主键，那么该列或该列组合的值就唯一地标识一个元组。主键的特点如下：

✓ 创建 PRIMARY KEY 约束时，SQL Server 会自动创建一个唯一的聚集索引。
✓ 定义了 PRIMARY KEY 约束的字段的取值不能重复，并且不能取 NULL 值。
✓ 每个表只能定义一个 PRIMARY KEY 约束。
✓ 如果表中已经有了聚集索引，那么在创建 PRIMARY KEY 约束之前，要么指定所创建的是非聚集索引，要么删除聚集索引。

PRIMARY KEY 主键约束的语法规则，如示例代码 3-5 所示。

示例代码 3-5：PRIMARY KEY 主键约束的语法规则

```
[CONSTRAINT<: 约束名>] PRIMARY KEY[（列名表）]
```

列名表中列出需要进行唯一约束列的列组合中的每一个列，当作为列级约束的时候，列名表可以省略。

1. 使用 T-SQL 语句在定义表时设置主键约束

例如创建 EBuy 应用系统的客户信息表（customer），指定主键约束，如示例代码 3-6 所示。

示例代码3-6：PRIMARY KEY 主键约束的语法规则
| ```
CREATE TABLE dbo.customer(
CusID varchar(20) NOT NULL,
CusPassWord varchar(6) NOT NULL,
CusName varchar(30) NOT NULL,
CusSex varchar(1) NOT NULL,
Email varchar(30) NOT NULL,
TelephoneNO varchar(12) NOT NULL,
Address varchar(80) NOT NULL,
PostID varchar(6) NOT NULL,
PassCardNO varchar(20) NOT NULL,
PRIMARY KEY (CusID)
)
``` |

2. 使用 Microsoft SQL Server Management Studio 工具建表时设置主键约束

利用 Microsoft SQL Server Management Studio 工具设置数据库表的主键，只要展开数据库 "Ebuy" →展开 "表" →选中要修改的表，点击右键→选择 "设计" →在表中选择需要设为主键的列，点击右键→选择 "设置主键"，最后，点击 "保存"。在数据库表或表的修改时也保存了主键设置，如图 3-1 所示。

图 3-1　设置主键
```

3.2.4 唯一约束

唯一约束属于实体完整性。

唯一约束又称为 UNIQUE 约束，具有 UNIQUE 约束的字段的值不能重复。在使用 PRIMARY KEY 对表中的主键进行了唯一值约束之后，若还要保证表中的其他字段的数据也具有唯一特征，UNIQUE 约束会很有用。UNIQUE 约束可以作为列级约束或标记约束，其主要的特征如下：

✓ 一个表可以有多个 UNIQUE 约束；

✓ 在一个表中不允许任意两处在被约束的字段上有相同的 NULL 值，最好把被定义 UNIQUE 的字段定义为 NOT NULL。

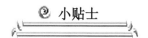

小贴士

主键约束与唯一约束的区别如下：

1. PRIMARY KEY（主键）约束

主键约束用来强制数据的实体完整性，它是在表中定义一个主键来唯一标识表中的每行记录。主键约束有如下特点：

（1）每个表中只能有一个主键；

（2）主键可以是一列，也可以是多列的组合；

（3）主键值必须唯一并且不能为空（即，用作主键的列如果是多列，每一个列都不能有空值出现）；

（4）对于多列组合的主键，某列值可以重复，但列的组合值必须唯一。

2. UE（唯一）约束

唯一约束用来强制数据的实体完整性，它主要用来限制表的非主键列中不允许输入重复值。唯一约束有如下特点：

（1）一个表中可以定义多个唯一约束；

（2）每个唯一约束可以定义到一列上，也可以定义到多列上；

（3）空值可以出现在某列中一次。

UNIQUE 约束的语法规则如示例代码 3-7 所示。

示例代码 3-7：UNIQUE 约束的语法规则
[CONSTRAINT<：约束名>] UNIQUE [（列名表）]

列名表中列出需要进行唯一约束列的列组合中的每一个列，当作为列级约束的时候，列名表可以省略。

1. 使用 T-SQL 语句在定义表时创建唯一约束

以创建 customer 表为例，在创建表的时候指定 CusName（客户名称）字段为唯一约束字段，如示例代码 3-8 所示。

示例代码 3-8：UNIQUE 约束的语法规则

```
CREATE TABLE dbo.customer(
CusID varchar(20) NOT NULL,
CusPassWord varchar(6) NOT NULL,
CusName varchar(30) NOT NULL UNIQUE,
CusSex varchar(1) NOT NULL,
Email varchar(30) NOT NULL,
TelephoneNO varchar(12) NOT NULL,
Address varchar(80) NOT NULL,
PostID varchar(6) NOT NULL,
PassCardNO varchar(20) NOT NULL,
PRIMARY KEY (CusID)
)
```

---

2. 使用 Microsoft SQL Server Management Studio 工具创建唯一约束

我们使用 Microsoft SQL Server Management Studio 工具在创建数据库表或对数据库表作修改的时候，选中我们需要定义为唯一约束的列，然后点击鼠标右键，从弹出菜单中选中点击"索引/键"命令，如图 3-2 所示。

如图 3-2 所示，已经选择了"CusName"（客户名称）列作为唯一约束的列，并且点击右键弹出菜单，菜单中有"索引/键盘"命令，鼠标点击该命令进入"索引/键"界面，如图 3-3 所示。

从图 3-3 中我们看到可以"添加"或"删除"主/唯一键或索引等，在界面的右半部分可以在"常规"下的各属性进行设置，"类型"设置为"唯一键"，"列"可选择"CusName"，"是唯一的"设置为"是"，"标识"栏中的"名称"可以自己定义索引或唯一的名称。设置的结果如图 3-4 所示。

如图 3-4 所示，设置了名称为"IX_customer"的唯一约束。

图 3-2　设置唯一约束的弹出菜单

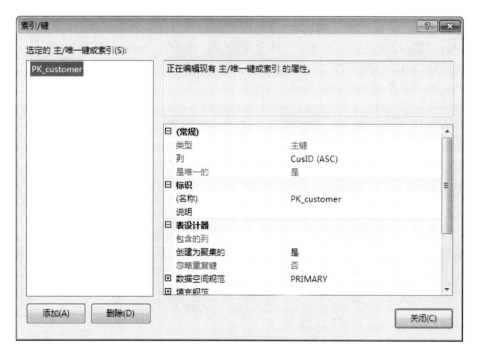

图 3-3　索引/键

图 3-4　设置唯一约束

3.2.5　标识属性

标识（IDENTITY）属性约束属于实体完整性。

在生活中总是以某种递增的方式计数，如学生信息表的行号标识学生在表中的位置。在数据库中设计也时常使用这种计数法，如，在银行存钱首先需要开设账户，每个账户有账号（如：行号+日期+递增序列号）来唯一区分账户等。在 SQL Server 数据库中实现这种"递增序列号"是通过标识（IDENTITY）属性来完成的。下面我们讲解标识（IDENTITY）属性语法规则及应用，语法规则如示例代码 3-9 所示。

示例代码 3-9：标识（IDENTITY）属性的语法规则
IDENTITY[（seed，increment）]

参数说明：seed—装载到表中的第一个行所使用的值。Increment—增量值，该值被添加到前一个已装载的行的标识值上。

必须同时指定种子和增量，或者二者都不指定。如果二者都未指定，则取默认值（1，1）。如创建一个新表，该表将 IDENTITY 属性用于获得自动增加的标识号，见示例代码 3-10。

示例代码 3-10：标识（IDENTITY）属性的应用

```
CREATE TABLE new_employees
  (
ID_Num int IDENTITY(1,1),
    FName varchar(20),
    Minit char(3),
    LName varchar(10)
  )
```

示例代码 3-10 所示，ID_Num 列不允许用户填值，系统自动依次为每条记录的 ID_Num 列填上 1，2，3 等。

我们可以 INSERT 两条新记录后观察 ID_Num 列的值，如示例代码 3-11 所示。

示例代码 3-11：标识（IDENTITY）属性用例
INSERT　INTO　new_employees(FName,Minit,LName)　VALUES('KARIN','F', 'Josephs') INSERT　INTO　new_employees(FName,Minit,LName)　VALUES('LINDA','M', 'LJEP')

接下来我们以 SELECT 语句在"新查询编辑器窗口"查询 new_employees 表中的数据观察执行结果，示例代码如 3-12，结果如图 3-5 所示。

示例代码 3-12：查看插入表中的数据
SELECT * FROM new_employees

图 3-5　查询标识（IDENTITY）属性约束的作用

从图 3-5 中我们可以看到，示例代码 3-11 和示例代码 3-12 的最终执行结果，ID_Num 列是标识（IDENTITY）属性约束列，其中数据值是数据库自动填入的。

3.2.6 为域指定数据类型

为域指定数据类型属于域完整性。

为域指定数据类型就是给实体属性指定数据类型或数据库表字段指定数据类型。

如为 orders 表指定 OrdID 列为 int 类型，实际上是保证 OrdID 列只接受整数，从而保证域完整性。

3.2.7 CHECK 约束

CHECK 约束属于域完整性。

CHECK 约束用于定义插入或修改一行时所满足的条件，通常限制某些字段的取值范围，例如，人的性别只能是"男"或"女"两个取值；去商场买东西，只能支付大于 0 的钱额；去银行取款只能取大于 0 的金额等，在生活中像这样的例子举不胜举，针对这些情况可以使用 CHECK 约束进行约束。

CHECK 约束的主要特征是：

✓ 限制了向特定字段列输入数据的类型；

✓ 表级定义的 CHECK 约束可以对多个字段列进行检查。

CHECK 约束的语法规则如示例代码 3-13 所示。

示例代码 3-13：CHECK 约束的语法规则
[CONSTRAINT<：约名>] CHECK（<条件>）

例如，将 orders（订单）表中的 Amount（数量）字段的值限定为不超过 100。在向表中输入数据时，如果 Amount（数量）字段的值超过 100，系统就会拒绝此数据的输入。下面以此为例来创建 CHECK 约束。

1. 使用 T-SQL 语句在定义表时创建 CHECK 约束（示例代码 3-14）

示例代码 3-14：在创建表时创建 CHECK 约束
CREATE TABLE orders(　OrdID int not null, 　CusID varchar(20) not null, 　ComID int not null, 　Amount int not null CHECK(Amount<100), 　PayAmount decimal(10,2) not null, 　PayWay varchar(50) not null, 　Dtime datetime not null, 　IsAfirm varchar(1),

```
IsSendGoods varchar(1)
)
```

2. 在 orders 表的 Amount 列建立 CHECK 约束（也可在修改时建立，如示例代码 3-15）

示例代码 3-15：修改表时修改创建 CHECK 约束
ALTER TABLE orders ADD CONSTRAINT AMOUNT_CHECK_NEW CHECK(Amount<100)

CHECK 约束非常重要，它限定了被约束的数据库表列能够填入的数据值的范围，当往被 CHECK 约束的表列填入或修改成不满足约束条件的数据时将报错，以 INSERT 语句为例示例代码如 3-16 所示，执行结果如图 3-6 所示。

示例代码 3-16：向 orders 表中插入一条记录
INSERT INTO orders (OrdID,CusID,ComID,Amount,PayAmount,PayWay,Dtime ,IsAfirm, IsSendGoods) values ('1001','201012120001','1000',1000,200.50,'电汇',2010-12-12,1,1)

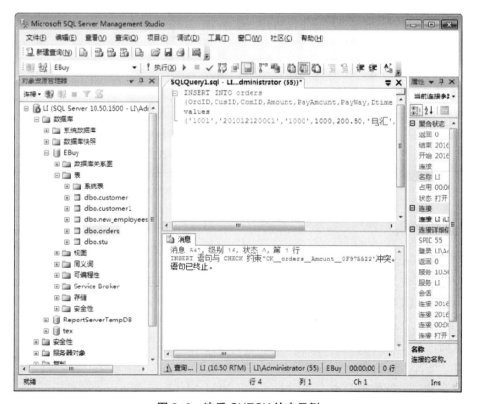

图 3-6　违反 CHECK 约束示例

从图 3-6 可以看出，往 orders 表插入新数据记录时，订单数量 1000 违反 CHECK 约束（订单数量小于 100），致使数据不能新增，报出数据库错误信息。

3. 使用 Microsoft SQL Server Management Studio 工具表时创建 CHECK 约束

当利用 Microsoft SQL Server Management Studio 工具在创建数据库表时创建 CHECK 约束（建表的步骤我们在上一章节中讲过，不再重复），建表时需要输入库表列，即属性，当已经输入库表列后，选中需要建立 CHECK 约束的列，点击右键，在弹出菜单中选择有"CHECK 约束"，进入"CHECK 约束"定义界面，如图 3-7 所示。

图 3-7 定义 CHECK 约束

如图 3-7 所示，我们给 orders 表的 Amount 定义了 CHECK 约束：Amount<100，该约束的名字为 AMOUNT_CHECK。

同理，我们可以在修改表的时候，修改现有的约束，只需要在进入图 3-7 所示界面的"选定的 CHECK 约束"选中需要修改的约束，然后修改界面右边的"表达式"文本内容，然后按"关闭"按钮退出即可。在修改表其他内容后"保存"表的修改，这样同时就把约束修改也保存了。当然我们从图 3-7 中也可以给没有约束的表列"添加"新的 CHECK 约束或"删除"现有的约束。

3.2.8　非空约束

非空约束属于域完整性。

非空约束是指表中的列值不能为空（NULL），空值 NULL 是不知道的、不确定的或无法填入的值。NULL 值不能理解为 0、空格、空白等。

例如，某人在银行开设了个人账户，账户中含金额字段，没有存入金额，且金额字段无默认值此时，数据库则自动为 NULL，而不是 0，如果是 0，则表示存入了金额，只不过值大小为 0，而 NULL 则表示什么也没存入。这是两个完全不同的概念。如果我们希望所有的银行账户金额字段的数据都不为 NULL，我们 NOT NULL 对该字段进行列级约束。

NOT NULL 约束的语法规则如示例代码 3-17 所示。

示例代码 3-17：NOT NULL 约束的语法规则

[CONSTRAINT <：约束名>] NOT NULL

1. 使用 T-SQL 语句在定义表时创建非空约束

我们还是以创建 customer 表为例，在创建表的时候制订多个字段为非空约束字段，如示例代码 3-18 所示。

示例代码 3-18：NOT NULL 非空约束的语法规则

```
CREATE TABLE dbo.customer(
    CusID varchar(20) NOT NULL,
    CusPassWord varchar(6) NOT NULL,
    CusName varchar(30) NOT NULL UNIQUE,
    CusSex varchar(1) NOT NULL,
    Email varchar(30) NOT NULL,
    TelephoneNO varchar(12) NOT NULL,
    Address varchar(80) NOT NULL,
    PostID varchar(6) NOT NULL,
    PassCardNO varchar(20) NOT NULL,
PRIMARY KEY (CusID)
)
```

2. 使用 Microsoft SQL Server Management Studio 工具创建非空约束

利用 Microsoft SQL Server Management Studio 规定在创建数据库表，或对数据库表作修改时，可以设置和改变属性列是否为空，如图 3-8 所示。

在图 3-8 中设置了 customer 表"TelephoneNO""Address""PassCardNO"属性被设置了"允许空"项。

3.2.9 缺省约束

缺省约束属于域完整性。

缺省约束也称为默认约束或 DEFAULT 约束，可以在创建表时创建，也可以使用数据库对象默认创建。如果一个表中的列定义了 DEFAULT 约束或者绑定了默认对象。则在输入数据时，如果该字段没有输入值，则由 DEFAULT 约束提供默认数据。这种约束的主要特征有以下几个方面：

✓ 每个字段只能有一个 DEFAULT 约束，即如果列上已经有一个默认约束，就不能在该列上再创建一个默认约束。

✓ DEFAULT 约束不能放在 IDENTITY 字段上或者 TIMESTAMP 字段上，因为这两种字段都能自动插入数据。

✓ 作为默认的值必须对于绑定到该列或者数据类型上的规则是有效的，即该值必须是合法值。

✓ 作为默认的值必须对于该列上的检查约束来说是有效的，即在检查约束的指定范围之内。

默认约束语法规则如示例代码 3-19 所示。

图 3-8 非空约束设置

示例代码 3-19：默认约束格式语法规则
[CONSTRAINT<：约束名>] DEFAULT <默认值> FOR [（<列名>）]

1. 使用 T-SQL 语句在定义表或修改表时创建默认约束

例如，在向电子购物商城的 customer 表的"CusPassWord"字段在默认情况下新增记录时 DEFAULT 定义为"888888"值，当向该数据库表增加新记录时，"CusPassWord"不输入值，新增数据成功后，则发现新记录的"CusPassWord"字段的值为"888888"。

创建表时使用默认约束如示例代码 3-20 所示。

示例代码 3-20：创建表时添加默认约束

CREATE TABLE dbo.customer(
    CusID varchar(20) NOT NULL,
    CusPassWord varchar(6) DEFAULT '888888' NOT NULL,

```
        CusName varchar(30) NOT NULL UNIQUE,
        CusSex varchar(1) NOT NULL,
        Email varchar(30) NOT NULL,
        TelephoneNO varchar(12) NOT NULL,
        Address varchar(80) NOT NULL,
        PostID varchar(6) NOT NULL,
        PassCardNO varchar(20) NOT NULL,
        PRIMARY KEY (CusID)
    )
```

如果需要设置 customer 表的 "CusSex" 字段的默认值为 0（表示：女），可以通过修改现有的表来重新设置该字段的默认值。

修改表时使用默认约束的示例如示例代码 3-21 所示。

示例代码 3-21：修改表时使用默认约束

```
ALTER TABLE customer
ADD DEFAULT 0 FOR CusSex
```

在使用 "新查询编辑器窗口" 将客户信息表的客户性别字段，设置为默认约束（如示例代码 3-21），然后插入一条记录，该记录不指定客户性别字段的值，然后查询其结果，示例代码如 3-22 所示，执行结果如图 3-9 所示。

示例代码 3-22：向 customer 表中插入一条记录并查看结果

```
INSERT INTO customer(CusID,CusPassWord,CusName,Email,TelephoneNO,
Address,PostID,PasscardNO)
VALUES('1005','888888','张三','lidfds@126.com','1234567','天津','44444','454554')
SELECT * FROM customer
```

从图 3-9 中可以看出客户号为 "1005" 的客户性别字段插入了默认值 "0"。

2．使用 Microsoft SQL Server Management Studio 工具创建表时指定默认值

在使用 Microsoft SQL Server Management Studio 工具创建数据库表时，可以直接在创建表的 "列属性" 页指定默认值。

例如，在创建 customer 数据库的 "CusPassWord" 列时，在 "列属性" 页指定 "默认值或绑定" 值为 "888888"，如图 3-10 所示。

3．使用 T-SQL 语句管理默认约束对象

（1）创建默认约束对象

创建默认约束对象的语法规则如示例代码 3-23 所示。

图 3-9　设置默认值约束

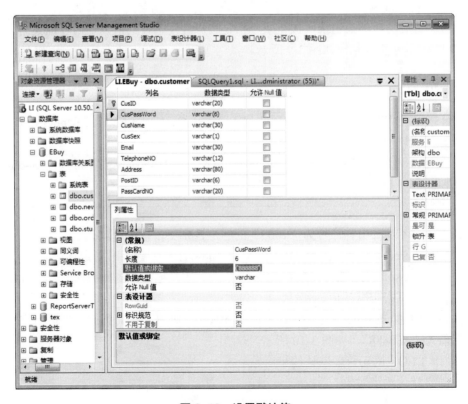

图 3-10　设置默认值

示例代码 3-23：创建默认约束对象的语法规则

CREATE DEFAULT <默认名> AS <默认值>

假如，我们需要对 customer 数据库表创建一个 customer_CusSex 的默认约束对象，默认值为"0"（表示：女）。

创建默认约束对象如示例代码 3-24 所示。

示例代码 3-24：创建默认约束对象

CREATE DEFAULT customer_CusSex AS '0'

（2）删除默认约束对象

删除默认约束对象的语法规则如示例代码 3-25 所示。

示例代码 3-25：删除默认约束对象的语法规则

DROP DEFAULT <默认对象名列表>

假设我们需要删除刚才创建的 customer_CusSex 的默认约束对象。

创建默认约束对象的示例如示例代码 3-26 所示。

示例代码 3-26：删除默认约束对象

DROP DEFAULT customer_CusSex

3.2.10 外键约束

外键约束属于参照完整性。

外键约束也称为 FORERIGN KEY 约束，是指一个表（或从表）的一个列或列组合，它的取值必须参照另外一个表的主键或唯一性键值。外键的值要么为空（NULL），要么是引用表的某个主键或唯一性键值。在创建表时通过 FORELGN KEY 关键字完成定义。例如，对于公司管理系统中部门表和员工表，员工必然属于某个部门或不属于任何一个部门，如果员工属于某个部门，那么员工表的部门号应该在部门表中存在，即参照部门表的部门号。而部门号字段在部门表中是主键。外键约束的主要特征如下：

✓ 一旦 FOREIGN KEY 定义了某个字段,则该字段的取值必须参照同一表或另一表中 PRIMARY KEY 约束或者 UNIQUE 约束。

✓ FOREIGN KEY 约束不能自动建立索引。

外键约束的语法规则如示例代码 3-27 所示。

示例代码 3-27：外键约束的语法规则

[CONSTRAINT<：约束]] FOREIGE KEY <列表名 1> REFERENCE <引用表名> [（列表名 2）] [ON DELETE <RESTRICT|CASCADE|SET NULL>]

　　其中<列表名 1>列出的是要进行外键约束的列组合中的所有列，在作为列级约束时可以省略；（列表名 2）列出的是引用表中相应的主键和唯一性键的所有列，如果每个列名都与<列表名 1>中的列名相同，则可以省略。

　　[ON DELETE]选项是设置，当引用表中具有外键约束的行被删除时，系统所作的处理。有三种可能的处理方式：
- ✓ 使用选项 RESTRICT，是缺省选项，引用表中凡是被子表所引用的行都不准删除。
- ✓ 使用选项 CASCADE，表中所有引用了引用表中被删除的行的行，也随之被剔除。
- ✓ 使用 SET NULL，外键的值被设置成空值（NULL）。

　　假如，我们需要创建电子商城购物系统中的订单数据库表，该表中有一字段 CusID（客户代码），该字段通过建立外键与 customer 数据库表主键（CusID）关联，我们可以通过如下方法建立外键。

　　1. 使 T-SQL 语句在定义表时创建外键约束（示例代码 3-28）

示例代码 3-28：建立数据库表时建立外键约束

```
CREATE    TABLE    dbo.orders(
    OrdID int NOT NULL,
    CusID varchar(20) NOT NULL,
    ComID int NOT NULL,
    Amount int NOT NULL,
    PayAmount decimal(10,2) NOT NULL,
    PayWay varchar(50) NOT NULL,
    Dtime datetime NOT NULL,
    IsAfirm varchar(1) NULL,
    IsSendGoods varchar(1) NULL,
    FOREIGN KEY(CusID) REFERENCES customer(CusID)
)
```

　　2．使用 Microsoft SQL Server Management Studio 工具创建外键

　　使用 Microsoft SQL Server Management Studio 工具在创建数据库时，或对数据库表作修改时，可以设置和改变属性列是否建立外键。我们进入建立或修改数据库表界面，然后在建立或修改数据库表 orders 的时候选中 CusID 字段，然后鼠标右击该行，此时弹出菜单，从菜单中选择"关系"，然后入"外键关系"界面，如图 3-11 所示

　　我们可以从该界面"添加"或"删除"外键。鼠标点击界面的右半部分的"常规"目录下的"表和列规范"的右边窗格，弹出外键关系设置来建立外键。如图 3-12 所示。

　　我们从图 3-12 中看到定义了一个外键约束，其名称为 FK_orders_customer，被引用的主键表和列为 customer.CusID，建立外键的表和列为 orders.CusID。最后只要按"确定"退出界面即可，当"当保存"创建或修改的表的时候所建立的外键也被保存了。

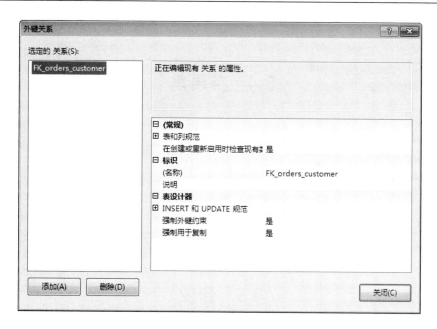

图 3-11 外键关系界面

图 3-12 表和列界面

3.3 小结

➤ 理解数据库完整性概念。

➤ 深入学习和掌握数据库约束的概念及实现的方法：缺省约束、主键约束、CHECK

约束、NOT NULL 约束、唯一约束、外键约束。

3.4 英语角

FOREIGN KEY	外键
PRIMARY KEY	主键
NOT NULL	非空
CHECK	检查
UNIQUE	唯一
DEFAULT	默认

3.5 作业

1. 数据库的完整性是指什么？
2. 数据库完整性有几类？各有什么意义？

3.6 思考题

为什么数据库设计中需要加入数据库完整性概念？举例说明。

3.7 学员回顾内容

本章需要回顾实现数据库完整性的方法及应用。

参考资料

郭振民，《SQL Server 数据库技术》，中国水利水电出版社，2009.
李（Michaer Lee），比克（Gentry Bieker），《精通 SQL Server 2008》，清华大学出版社，2010.
明月科技，《SQL Server 从入门到精通》，清华大学出版社，2012.
网上 SQL Server 数据库技术资料。

第 4 章　数据处理

学习目标

◇　了解 SQL 的概述。

◇　掌握深入掌握 SQL 语言的 DML 命令语句的使用，能灵活利用 INSERT 对数据库表新增记录，利用 UPDATE 修改数据库表记录，利用 DELETE 删除表中的记录等。

课前准备

1. SQL 概述。
2. 使用 SQL 的 DML 命令。

4.1　本章简介

我们都知道，工厂需要仓库存放新生产出来的各种产品，产品被销售时需要把产品从仓库搬出去等，这样才能发挥产品仓库的管理作用。

同样的道理，我们创建数据仓库的目的是为了存放数据，如基金交易应用系统数据库是用来存放基金交易数据的数据仓库。如参与基金交易客户账户数据、账户变更数据、交易流水数据、资金数据、加以汇总数据、外部接口数据等；数据库除了存放数据外，还必须提供对数据的维护更新操作，如客户购买基金份额成功时需要更新份额总数等操作；对已经使用过，又没有保留意义的数据，需要删除等。以上所列举的这些操作，在数据库中都是通过 SQL 语言的 DML 命令语句来完成的。

4.2　SQL 概述

目前 SQL 主要有三个标准：最早的 SQL 标准是 1986 年由美国 ANSI 公布的。随后，ISO 于 1987 年也正式采纳它为国际标准，并在此基础上进行补充，到 1989 年 ISO 提出了完整特性的 SQL，并称之为 SQL-89，后来又发展的 SQL-92 或 SQL2，最近发展的 SQL-99 标准又称之为 SQL3。

4.2.1　SQL 语言的特点

➢　SQL 是一种一体化的语言，它包括数据定义、数据查询、数据操作和数据控制的功能。

➢　SQL 语言是一种高度非过程化的语言，它没有必要告诉计算机"如何"去做，而只需要描述清楚用户"要做什么"，系统会自动完成。

➢　SQL 语言非常简洁，它很切近英语自然语言。

➢　SQL 语言可以直接以命令方式交互使用，也可以嵌入到程序方式使用。

4.2.2　SQL 语言分类

SQL 的核心是查询（查询部分我们将在第 5、6 章讲解），还包括数据定义、数据操作（本章的主要内容）和数据控制等功能。SQL 语言功能命令动词如下：

➢　数据查询（SELECT 查询语句）：命令是 SELECT，用于检索数据库数据，在所有的 SQL 语句中 SELECT 语句功能和语法最复杂最灵活。

➢　数据定义（Data Definition，DD）：命令是 CREATE、DROP、ALTER 用于建立、删除、修改数据库对象。

➢　数据操作（Data Manipulation，DM）：命令是 INSERT、UPDATE、DELETE 用于改变数据库数据，按顺序依次是：增加新数据，修改已有数据，删除已有数据。

➢　数据控制（Data Control，DC）：命令是 GRANT、REVOKE，用于执行权限的授权和回收工作。按顺序依次是：授权命令，回收权限命令。

4.2.3　SQL 语句编写规则

➢　SQL 关键字不区分大小写，既可以大写，也可以小写或混写，如示例代码 4-1 所示。

示例代码 4-1：SQL 关键字不区分大小写
SELECT 1+2 FROM dual select 1+2 from dual Select 1+2 From dual

示例代码 4-1 中的三条语句等效。

➢　对象名和列名不区分大小写，既可以大写，也可以小写或混写，如示例代码 4-2 所示。

示例代码 4-2：对象名和列名不区分大小写
select sal from emp SELECT Sal FROM Emp SELECT SAL FROM EMP

示例代码 4-2 中的三条语句等效。

➢ 字符和日期值区分大小写，当在 SQL 中引用字符和日期值时区分大小写的，如示例代码 4-3 所示。

示例代码 4-3：字符和日期值区分大小写

SELECT ename FROM emp WHERE ename='SCOTT'

SELECT ename FROM emp WHERE ename='scott'

示例代码 4-3 中的两条语句不等效。

➢ 当编写 SQL 语句时，语句很短可以放在一行书写，如果太长可以放在多行书写，采用跳格和缩进提高可读性，如示例代码 4-4 所示。

示例代码 4-4：SQL 语句换行书写

单行书写一条 SQL 语句：

SELECT ename FROM emp WHERE ename= 'SCOTT'

多行书写一条 SQL 语句：

SELECT ename

FROM emp

    WHERE ename='SCOTT'

示例代码 4-4 中的两条语句等效。

4.3 使用 INSERT 新增数据库记录

使用命令方式插入记录。

向表中插入数据就是将新记录添加到表尾，可以向表中插入多条记录。使用 INSERT 命令语句向表中插入记录的语法规则如示例代码 4-5 所示。

示例代码 4-5：使用 INSERT 命令语句向表中插入记录的语法规则

```
INSERT [INTO]
{table_name
[WITH(<table_hint_limited>[…n])]|view_name|rowset_function_limlted}
{[column_list]{VALUES({DEFAULT|NULL|expression}[…n])
|derived_table |execute_statement}}
|DEFAULT VALUES
```

INTO：可用在 INSERT 和目标表之间。

table_name：需要插入数据的目标表名。

WITH(<table_hint_limited>[…n])：指定目标表所允许的一个或多个表的提示，可省略。

view_name：视图名称，该视图必须是可以更新的。

rowset_function_limlted：是 OPENQUERY 或 OPENROWSET 函数。

column_list：要在其中插入数据的一列或多列的名称列表。列表顺序必须与 VALUES 列表顺序相吻合。

VALUES：为 column_list 列表中的各列指定值。

1. 给表的所有列增加数据

给表的所有列增加数据时，表列的所有列名可以省略书写。如果不省略书写列名，则需要把表的所有列名列出来，并且其顺序和数据值的顺序要一致，一一对应，即字段数、字段数据类型、字段的顺序都要与相应的记录值的个数、值的类型、每个值的排列顺序对应。

示例 1　我们要到网上的电子购物商城去购买商品，那么，我们必须首先注册客户账户，即往数据库表 customer 中增加记录。假如，把该表的所有字段都填入数据，可以按如下方法给数据库表增加记录数据：

（1）首先，确定需要输入的数据字段如下所示：

客户账号

客户密码

客户姓名

客户性别

电子邮箱

联系电话

地址

邮政编码

身份证号

（2）下一步，确定需要输入一条客户的数据：

客户账号：1006

客户密码：888888

客户姓名：李四

客户性别：1

电子邮箱：lisi@126.com

联系电话：20886576

地址：天津

邮政编码：300270

身份证号：444444

注意："客户性别"：1-代表男性，0-代表女性

（3）最后，打开"新查询编辑器窗口"，输入 SQL：INSERT 语句，然后点击工具栏 执行(X) 命令按钮，执行成功则向数据库 customer 表插入了一行数据，如示例代码 4-6，执行结果如图 4-1 所示。

示例代码 4-6：INSERT 向 customer 表所有列插入记录
INSERT INTO customer VALUES('1006','888888','　李　　四　','1','lisi@126.com','20886576','　天　　津　','300270','444444')

图 4-1　向表的所有列增加数据

2. 向表的部分列增加数据

向数据库表增加记录时，有些字段是非必须填写项（即可以为 NULL），或记录数据本身不完整，且所缺数据字段可以为 NULL。如果只需要给数据库表的部分字段增加数据，例如"地址"和"身份证号"不填入数据，且这两个字段可以为空，则按如下方法增加只含部分表列数据的数据库记录：

（1）首先确定需要输入的数据字段如下表格：

客户账号

客户密码

客户姓名

客户性别

电子邮箱

联系电话

邮政编码

（2）下一步，确定需要输入一条客户的数据：

客户账号：1007

客户密码：888888

客户姓名：王五

客户性别：1

电子邮箱：78978@qq.com

联系电话：1234456

邮政编码：300010

注意："客户性别"：1-代表男性，0-代表女性

（3）最后，打开"新查询编辑器窗口"，输入 SQL：INSERT 语句，然后点击工具栏
❗执行(X) 命令按钮，执行成功则往数据库 customer 表插入了一行数据，如示例代码 4-7，
执行结果如图 4-2 所示。

示例代码 4-7：INSERT 向 customer 表指定列插入数据

INSERT　　　INTO　　　customer(CusID,CusPassWord,CusName,CusSex,Email,
TelephoneNO,PostID)

VALUES('1007','888888','王五','1','78978@qq.com','1234456','300010')

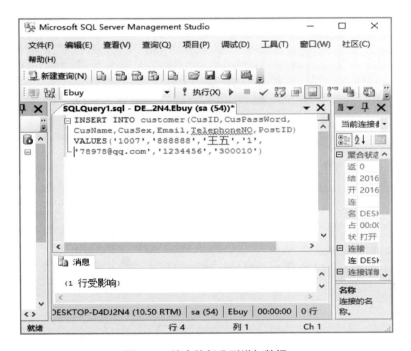

图 4-2　给表的部分列增加数据

3. DEFAULT 约束对数据库增加记录的影响

我们去超市买商品，经常会发现收款员用 POST 机收款时，对于同一种商品编号的商品，
如果数量只有一个，电子扫描以后就可以了，而对于同一种商品号的商品，如果数量为多个，
收银员从键盘手动输入商品数量数据，或者把每个商品都扫描一次，这是怎么回事呢？这是
因为每次电子扫描默认的情况下，只认为商品数量是一个，而要输入同一个商品编号的多个
商品时要么一一扫描，要么需要人工干预——输入数量。对于往数据库表增加新记录时可以
利用默认约束，当往数据库增加数据，有些字段尽管没有输入数据，只要增加记录成功，有

默认约束的字段仍然会填入默认数据。在增加记录时，请按示例 2 中方法使用和观察数据库字段默认约束。

示例 2 现在需要从网上电子商城下商品购买订单，即需要往 orders 表里头增加数据记录。

（1）首先，确定需要输入数据的字段：

订单号
客户号
商品号
付款金额
付款方式
日期
是否确认
是否派货

（2）下一步，确定需要输入一条客户的数据：

订单号：20100508
客户号：1006
商品号：20080001
付款金额：10000.25
付款方式：现金
日期：2008-5-27
是否确认：1
是否派货：1

注意：对于"数量"字段，使用数据库默认输入数据（设在创建表的时候，字段"数量"的默认值为 50）。

"是否确认"：1-已经确认，0-未确认

"是否派货"：1-已经派货，0-未派货

（3）最后，打开"新查询编辑器窗口"，输入 SQL：INSERT 语句，然后点击 执行(X)命令按钮，执行成功则向数据库 orders 表插入了一行数据，示例代码如 4-8，执行结果如图 4-3 所示。

示例代码 4-8：向表指定列插入数据

```
INSERT                                                      INTO
orders(OrdID,CusID,ComID,PayAmount,PayWay,Dtime,IsAfirm,IsSendGoods)
    VALUES('20100508','1006','20080001',1000.25,'现金','2008-5-27','1','1')
```

接下来，打开"新查询编辑器窗口"，查询数据库的输入的数据（示例代码省略，请参考图 4-4 上的 SQL 语句），执行结果如图 4-4 所示。

通过查询窗口可以看到订单产品的数量为 50，这是数据库默认约束的值。

4. 检查插入数据时主键、外键、唯一、检查、非空等情况对新增数据库数据记录的影响

以主键为例来讲解数据库约束对新增数据记录的影响。数据库表主键的主要特点之一是：主键唯一且非空。假如向 orders 表中增加的数据包含 OrdID 主键字段数据"20100508"，与 orders 表中现有记录的 OrdID 主键字段数据"20100508"重复，则违背主键约束的原则，新增数据记录不能插入表中且报错。按如下方法新增记录：

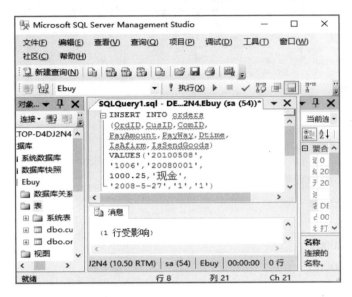

图 4-3　DEFAULT 约束对数据库增加记录的影响

图 4-4　查询默认约束对新增记录数据的影响

（1）首先，确定需要输入数据的字段：

订单号

客户号

商品号

付款金额

付款方式

日期

是否确认

是否派货

（2）下一步，确定需要输入一条订单的数据：

订单号：20100508

客户号：1007

商品号：20100001

付款金额：10000.25

付款方式：现金

日期：2010-5-27

是否确认：0

是否派货：0

注意："是否确认"：1-已经确认，0-未确认

"是否派货"：1-已经派货，0-未派货

（3）最后，打开"新查询编辑器窗口（N）"，输入 SQL：INSERT 语句，然后点击工具栏 执行(X)命令按，执行不成功，操作结果栏显示增加数据记录信息失败，示例代码如 4-9，执行结果如图 4-5 所示。

示例代码 4-9：向 orders 表中插入主键重复的记录

```
INSERT                                                        INTO
orders(OrdID,CusID,ComID,PayAmount,PayWay,Dtime,IsAfirm,IsSendGoods)
    VALUES('20100508','1007','20100001',1000.25,'现金','2010-5-27','1','1')
```

从图 4-5 "消息"结果页，可以看到新增的记录违反主键唯一约束时是不能插入数据库表的，且会报告错误信息。

对于外键、唯一、检查、非空约束对新增数据记录的影响我们不再一一举例，针对它们的影响描述如下：

（1）数据库表的外键约束对新增数据记录的影响

当数据库某个表的某个字段建立了外键，即给该字段新增值时参照了另外一个表的主键或唯一键的数据值时，如果新增记录的该外键字段值在其参照表的主键或唯一键的数值中找不到相应数据，且该字段新值不为空，这时插入新记录会出错，即不能给该表插入新记录。

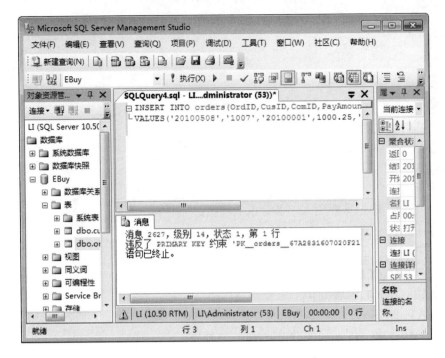

图 4-5　主键约束对新增数据的影响

（2）数据库表的唯一约束对新增数据记录的影响

新增记录的唯一键值，如果和数据库表中现有数据值重复，数据库将报错，新记录不能插入数据库表中。

（3）数据库表的检查约束对新增数据记录的影响

当新增的数据记录的数据项，对应的数据库字段含有 CHECK 约束，如果新增数据值超出了 CHECK 约束范围，那么数据库将报错，新记录不能插入数据库表。

（4）数据库表的非空约束对新增数据记录的影响

当新增的数据记录的数据项，对应的数据库字段含有 NOT NULL 约束，如果新增数据值为 NULL，那么数据库将报错，新记录不能插入数据库。

5. 查询新增数据

在以上操作（1）至（4）中实际上在 customer 表成功新增了两条记录，下面通过查询证实。

打开"新查询编辑器窗口"，输入 SQL：SELECT 查询语句，然后点击工具栏 ❗执行(X) 命令按钮，执行成功，操作结果栏显示已经增加的两条数据记录信息，示例代码如 4-10，执行结果如图 4-6 所示。

同样，查询 orders 表，则有一条数据，示例代码如 4-11，执行结果如图 4-7 所示。

示例代码 4-10：SELECT 语句查询表 customer 中所有记录

SELECT * FROM customer

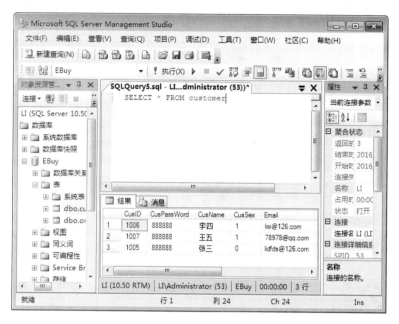

图 4-6　查看 customer 表新增数据记录

示例代码 4-11：SELECT 语句查询表 orders 中所有记录

SELECT * FROM orders

图 4-7　查看 orders 表新增数据记录

4.3.1　一次性增加多条数据记录

以上介绍了向数据库表中插入一条记录，下面我们介绍如何向数据库表中一次插入多条记录。例如向 orders 表中一次插入 3 条记录。

向数据库表中一次插入多条记录的语法规则，如示例代码 4-12 所示。

```
示例代码 4-12：一次性向表中插入多条记录语法规则
INSERT table_name
SELECT (value11,value12,value13...value1n)
UNION ALL
SELECT (value21,value22,value23...value2n)
…
UNION ALL
SELECT (valuen1,valuen2,valuen3...valuenn)
```

INSERT：为向表中插入各条记录的关键词。table_name：表示的是数据库表的名称。value11，value12，value13...value1n：表示插入的具体数据内容。UNION ALL：用来连接多条记录。

例如一次向表 orders 中插入 3 条语句，如示例代码 4-13 所示。

```
示例代码 4-13：一次向表 orders 中插入 3 条语句
INSERT orders
SELECT 20100909,1005,2010101,10,122.5,'现金',2010-01-01,1,1
UNION ALL
SELECT 20100908,1006,2010102,12,1200.1,'现金',2010-01-03,1,0
UNION ALL
SELECT 20100907,1007,2010103,25,5200.5,'现金',2010-01-21,0,0
```

那么，打开"新查询编辑器窗口"，输入以上代码，点击工具栏 ❗执行(X)命令按钮，执行成功，则向 orders 表中插入 3 条记录，如图 4-8 所示。

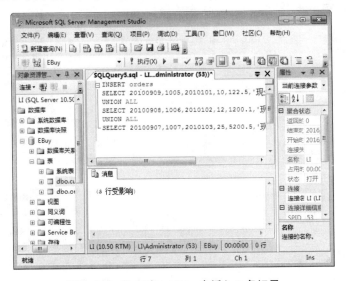

图 4-8　一次向表 orders 中插入 3 条记录

4.4　使用 UPDATE 更新记录

应用数据库中的数据经常需要更新，UPDATE 语句可以用来更新数据库的记录，一次可以修改一行或多行记录数据，也可以修改特定记录数据。

使用 UPDATE 命令方式修改数据库表的数据。

UPDATE 命令语句语法规则，如示例代码 4-14 所示。

```
示例代码4-14：UPDATE 命令语句语法规则
UPDATE
{table_name [WITH] (<table_hint limited>[…n])
|view_name
|rowset_function_limited
}
SET
{column_name={EXPRESSION|DEFAULT|NULL}
|@variable=expression
|@variable=column=expression}[…n]
{{[FROM{<table_source>[…n]
[WHERE<search-condition>]}
|WHERE CURRENT OF
    {{[GLOBAL]cursor_name}|cursor_variable_name}]}
```

参数说明：

table_name：需要修改数据表的名称。

view_name：需要修改数据视图的名称。通过 view_name 来引用的视图必须是可更新的。

SET：指定要修改的列或变量名称的列表。

column_name={EXPRESSION | DEFAULT |NULL}由表达式的值、默认值或空值去修改指定的列值。

@variable=expression：将变量的值修改成表达式的值，变量是已经声明的变量。

@variable=column=expression：将变量和列的值修改成表达式的值，变量为已经声明的变量。

FROM {<table_source>：指定用表作为更新操作的数据源。

WHERE <search-condition>：指明只对满足条件的行进行修改，若省略该子句则对表中所有行作修改。

WHERE CURMENT OF：表明修改在指定游标的当前位置进行。

cursor_variable_name：游标变量名称。

1. 更新数据库表中所有的行

假如需要修改电子商城购物系统的 customer 表中的 CusPassWord 为统一的初始密码 "999999"，那么需要更新"客户信息表"中的所有数据行中的"客户密码字段"。

打开"新查询编辑器窗口"，输入 SQL：UPDATE 语句，然后点击工具栏 ⚡ **执行(X)** 命令按钮，执行成功，所有记录行被修改，示例代码如 4-15，执行结果如图 4-9 所示。

示例代码 4-15：UPDATE 命令修改 customer 表的 CusPassWord 字段
UPDATE customer SET CusPassWord='999999'

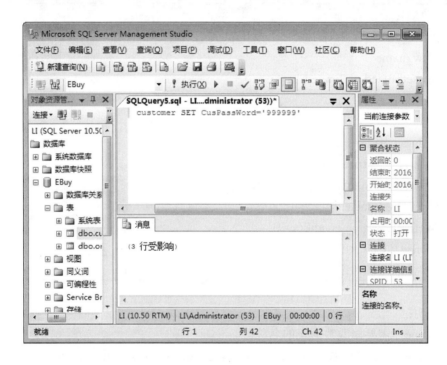

图 4-9　修改数据库表中所有记录

我们从修改的结果发现，customer 表中所有记录的 CusPassWord 字段都被修改为"999999"。

2. 更新数据库表中特定的行

所谓更新表中特定的行，是指按特定条件更新数据库表中的符合查询条件的数据行。此时，需要修改的数据行只是特定行数据，所以我们需要用"WHERE"条件来限定访问的数据结果集。

假如需要修改电子商城购物系统的 customer 表中 CusID 为"1006"的 CusPassWord 为"888888"。

打开"新查询编辑器窗口"，输入 SQL：UPDATE 语句，然后点击工具栏 ⚡ **执行(X)** 命令按钮，执行成功，特定记录行被修改，示例代码如 4-16，执行结果如图 4-10 所示。

示例代码 4-16：UPDATE 命令修改 customer 表中指定行的 CusPassWord 字段

UPDATE customer SET CusPassWord='888888' WHERE CusID='1006'

图 4-10　修改特定数据行的数据

3. 更新数据库表中多个数据列

　　更新数据库表中的数据，有时需要同时修改多个字段的数据值。例如，客户居住地的变更，客户地址、邮政编码、固定联系电话等信息也需要作相应的变更；又如，向银行存入现金（存款），不仅需要修改账户的余额，还需要修改最后一次存款或取款的日期。

　　假如，需要修改电子商城购物系统的 customer 表中 CusID 为"1006"的 CusPassWord 为密码"888888"，而且还需要修改 Address 为"河南"。

　　打开"新查询编辑器窗口"，输入 SQL：UPDATE 语句，然后点击工具栏 **！执行(X)** 命令按钮，执行成功，特定记录行的指定字段被修改，示例代码如 4-17，执行结果如图 4-11 所示。

示例代码 4-17：UPDATE 命令修改 customer 表多个数据列

UPDATE customer SET CusPassWord='888888',Address='河南' WHERE CusID='1006'

图 4-11　修改多个数据列

4. 更新主键列等含有约束的列数据值

在对数据库数据作修改时，如果 UPDATE 语句违反了完整性约束，则不会进行更新并将显示一条错误消息。这里将介绍因约束的原因导致数据库记录修改失败的主要情况：

（1）如果被添加的一个值是错误的数据类型，或者如果违反了所涉及的某个列或数据类型定义的约束，则将不会进行更新。

（2）如果表中的主键没有被其他表的外键相关联，或已经关联但是主表主键列值没有被外键引用，或从表有数据，但外键列值为空，只要满足主键列数据值被修改后不为空，且唯一，主键列值就可被修改成功，否则报错，修改不成功。如果表中的主键已经被其他表的外键相关联，且主表主键列值已被引用，此时修改主键值将报错，修改不成功。

（3）如果表中的唯一约束没有被其他表的外键相关联，或已经关联但是主表唯一约束列值没有被外键引用，或从表有数据，但外键列值为空，只要满足唯一约束的条件：列数据值被修改后仍唯一，建立了唯一约束的列值就可被修改成功，否则报错，修改不成功。如果表中的唯一约束列已经被其他表的外键相关联，且主表唯一列值已被引用，此时修改主键值将报错，修改不成功。

（4）如果 CHECK 约束的列的列值被修改，但用来修改的数据不满足 CHECK 约束条件，则修改时报错，修改不成功。

4.5　使用 DELETE 删除数据

对于数据库的数据，并不需要把所有的数据进行保存。例如已经没有保留价值的数据、输入错误的数据等。这时需要用到 DML 中的 DELETE 命令。

DELETE 命令语句的语法规则如示例代码 4-18 所示。

示例代码 4-18：DELETE 命令语句的语法规则

```
DELETE [FROM]
{table_name WITH {<table_hint_limited>[…n]}
|view_name
|rowset_function_limited}
[FROM{<table_spirce>}[…n]]
[WHERE
{<search_condition>
| {[CURRENT OF
{ [GLOBAL] cursor_name ]} }
}]
```

由于 DELETE 命令的语法结构和 UPDATE 命令类似，这里不再对命令 DELETE 作解释。

应用程序开发时，经常需要对系统进行各种测试，有时需要对同一类型进行多次测试，这时数据库表里将有很多测试数据，每次测试或应用系统正式运行前都需要删除测试数据，如示例代码 4-19，执行结果如图 4-12 所示。

示例代码 4-19：查看 customer 表的所有数据

```
SELECT * FROM customer
```

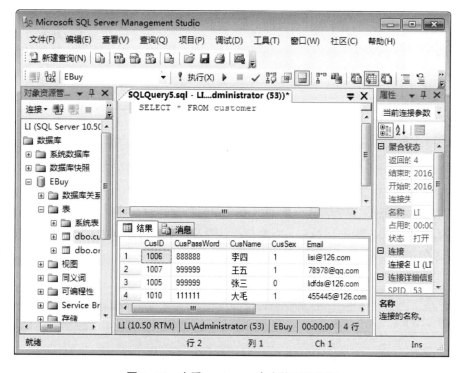

图 4-12　查看 customer 表中的所有数据

通过图 4-12，发现电子商城购物系统的 customer 表含有 4 条记录，需要对它们进行删除，需要做以下操作：

1. 使用 DELETE 删除满足查询的库表行集

使用 DELETE 删除满足查询条件的库表行集，就是使用 WHERE 条件子句删除表中记录。例如，删除上面记录中 CusName 字段值为"大毛"的数据记录，示例代码如 4-20，执行结果如图 4-13 所示。

示例代码 4-20：删除 customer 表中 CusName 字段值为'大毛'的记录

```
DELETE FROM customer WHERE CusName='大毛'
```

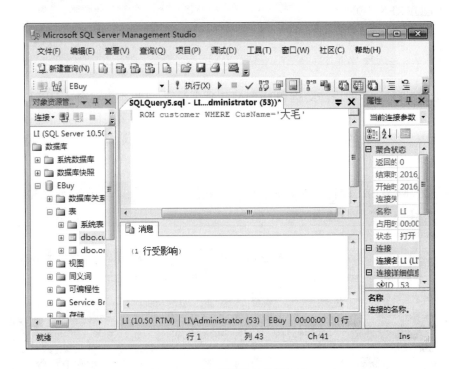

图 4-13　删除满足条件的记录

从图 4-13 的输出信息"（1 行受影响）"可以看出，该行数据已经被删除了。

2. 使用 DELETE 删除整个表数据

使用 DELETE 删除整个表数据就是把整个表的数据清空，使得记录行数为"0"。例如，开发的新系统正式投入生产运行前，需要把一些数据库表清空。如要把 customer 表清空，如示例代码 4-21 所示。

示例代码 4-21：清空数据库表

```
DELETE FROM customer
```

3. TRUNCATE TABLE 删除库表数据与 DELETE 删除库表数据的区别

在删除数据库表数据时经常使用 DELETE 和 TRUNCATE TABLE 命令，下面介绍一下这两个命令的区别：

（1）DELETE 和 TRUNCATE TABLE 都可以删除整个表中的数据，但是 DELETE 命令不会释放数据使用过的表空间，除非再用其他命令回收其表空间，而 TRUNCATE TABLE 可以回收数据曾占用过的表空间。但是，它们都不会删除表结构。

（2）DELETE 删除的数据在没有被提交时可以回滚（ROLLBACK），而 TRUNCATE TABLE 执行成功数据不能回滚。

（3）如果删除大数据量的表 DELETE 速度会很慢，同时会占用很多的 ROLLBACK 空间。

（4）TRUNCATE 是 DDL 操作，不产生 ROLLBACK，速度快一些。

（5）TRUNCATE 只能对 TABLE，DELETE 可以是 TABLE，VIEW，SYNONYM。

（6）TRUNCATE TABLE 的对象必须是本模式下的，或者有 DROP ANY TABLE 的权限，而 DELETE 则是对象必须是本模式下的，或被授予 DELETE ON SCHEMA.TABLE 或 DELETE ANY TABLE 的权限。

TRUNCATE TABLE 命令语法规则如示例代码 4-22 所示。

示例代码 4-22：TRUNCATE TABLE 命令语法规则
TRUNCATE TABLE 表名称

使用 TRUNCATE TABLE 命令示例如示例代码 4-23 所示。

示例代码 4-23：TRUNCATE TABLE 命令
TRUNCATE TABLE customer

4.6　小结

➢ 熟悉 SQL 特点。

➢ 深入掌握 SQL Server 2008 中 DML 的 INSERT、UPDATE、DELETE 命令在的应用系统中的用法。

4.7　英语角

INSERT	新增记录
UPDATE	修改记录
DELETE	删除记录

4.8　作业

1. 简述 DELETE 与 TRUNCATE TABLE 在删除数据库数据的异同。
2. 要修改基本表中某一列的数据类型，需要使用 ALTER 表的什么子句？
3. 简述 SQL 语言的分类。
4. 简述 SQL 语句的编写规则有哪些。

4.9　思考题

为什么数据库管理系统需要提供 INSERT、UPDATE、DELETE 等数据处理命令？

4.10　学员回顾内容

INSERT 命令、UPDATE 命令、DELETE 命令的应用。

参考资料
郭振民，《SQL Server 数据库技术》，中国水利水电出版社，2009. 李（Michaer Lee），比克（Gentry Bieker），《精通 SQL Server 2008》，清华大学出版社，2010. 明月科技，《SQL Server 从入门到精通》，清华大学出版社，2012. 网上 SQL Server 数据库技术资料。

第 5 章　SQL Server 2008 数据库基本查询

学习目标

❖　了解数据库查询的基本要素。

❖　理解数据库基本查询的语法结构。

❖　通过本章的学习和应用，深入掌握数据库基本查询的功能和创建方法，基本查询分类等。

课前准备

1. 查询表中所有列。
2. 查询表中指定列。
3. 查询表达式的值。
4. 更改列标题。
5. WHERE 条件查询：
➢　单条件查询；
➢　多条件查询；
➢　使用通配符查询；
➢　使用 NULL 查询；
➢　确定属性范围的查询。
6. 筛选查询。
7. 排序查询。

5.1　本章简介

通过前几章的学习已经掌握了大量数据库概念和技术，例如数据库基础，使我们能够掌握数据库的基本概念，为数据库的应用做好准备；数据库存储管理，使我们能够建立数据库和管理数据库，这就像工厂需要仓库存储产品一样重要；数据库完整性约束以及数据处理，使我们能够按一定的"规章制度"向数据库里新增数据，同时能维护已存在的数据。

那么，在数据库中已经存储了数据，为什么还需要查询数据呢？举一个简单的例子：如果在银行存了 100 万元人民币，难道你就放心了吗？如果你在这 100 万元人民币的基础上又增加了存款，同时也取了不少钱出来使用，难道你就不想知道你的银行账户还有多少余额吗？再如，公司通过银行账户给您发工资，每当发工资的日期到来时，难道您就不想知道公司是否已经给您准时发了工资吗？现实生活中这样的例子还有很多，各种情况促使数据库应用中必需包含数据库查询应用，以满足人们日常生活的需要。本章接下来的各节，主要讲解数据库基本的查询技术。

5.2　SELECT 查询的语法结构

在介绍 SELECT 查询的语法结构之前，先给数据库查询一个明确的定义：查询是按指定的要求（包括条件、范围、方式等）从指定的数据源中查找，将符合条件的记录中的指定字段的数据值提取出来，形成新的数据集合。数据源可以是一个表，也可以是相关联的多个表，还可以是其他查询结果集合。

SQL Server 2008 提供了强大的查询功能。SELECT 语句主要对数据库进行查询，并返回符合用户查询标准的结果数据集。其基本语句结构如示例代码 5-1 所示。

> 示例代码 5-1：SELECT 查询的语法结构
>
> SELECT <目标列表达式> [别名] [<目标列表达式> [别名]]...
> INTO <新表名>
> FROM <数据表名或视图名> [别名] [，<数据表名或视图名> [别名]]...
> [WHERE <条件表达式>]
> [GROUP BY <列名 1> [HAVING <条件表达式>]]
> [ORDER BY <列名 2> [ASC|DESC]];

参数说明：

<目标列表达式>：选项有"*""<表名>.*"、[<表名>.<属性列名表达式>]等。<属性列名表达式>可以使用属性列、聚合函数及其与常数的任意算术运算组成的运算公式。

[WHERE <条件表达式>]的一般格式：

✓ <属性列名>、运算符及常量组成的表达式。

✓ 由 LIKE、IN、EXISTS 和<属性列名>组成的表达式。

✓ 由 AND 或 OR 连接的表达式。

在 SELECT 语法结构中，包含了条件查询、排序查询、分组查询、筛选查询等基本查询，以及连接查询、子查询、联合查询等高级查询。

本章我们只讲解 SELECT 的基本查询，高级查询将在下一章节讲解。

5.3　SELECT 基本查询

SELECT 的基本查询主要有：

✓ 查询表中所有列

✓　　查询表中指定列

✓　　查询表达式的值

✓　　更改列标题

✓　　WHERE 条件查询（单条件查询、多条件查询、使用通配符查询、使用 NULL 查询、确定属性范围的查询）

✓　　筛选查询

✓　　排序查询

本章将讲解这些基本的查询技术。本章和下一章将使用"新编查询分析器窗口"作例解，其使用方法在上一章已经应用，不是特别情况我们不再重述其用法。

5.3.1　查询所有列

我们需要查询数据库某个表的所有字段的信息，例如应用程序测试人员需要了解其测试结果是否正确、准确、数据是否完整等情况，测试工程师往往需要查询出完整的表数据以便检验测试结果。再如，银行柜员经常通过管理银行软件，供客户查询客户的完整的基本信息等。这就需要输出数据表的部分记录或全部记录的全部列信息。查询所有列的基本语法规则如示例代码 5-2 所示。

示例代码 5-2：查询表中所有列
SELECT * FROM <数据库表名或视图名>

例如，执行结果如图 5-1 所示的查询电子商城购物系统的 customer 表所有列信息，如示例代码 5-3。

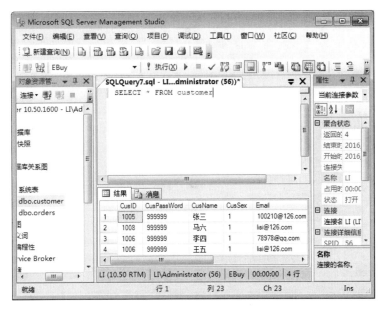

图 5-1　查询所有列

> **示例代码 5-3：查询 customer 表中的所有列的数据**
>
> SELECT * FROM customer

5.3.2　查询表中指定的列

　　在现实生活中总有突出重点，抓主要矛盾，先解决主要问题的习惯。在数据库查询中也贯穿着这种"主要矛盾"的思想。例如，人们在查询自己的银行账户余额的时候，总是直接进客户账户余额查询界面，进行账户余额查询，而不会把与客户相关的所有信息都查出来。同理，人们在查询数据库表时，若只关心数据库中某些字段的信息，如银行 ATM 机器在查询账户余额时只显示了"账户余额""当前可用余额"简单的信息，而账户内其他信息都没有显示出来。从数据库应用的角度来说，就是查询数据库表中指定列的数据值。查询表中指定的列的语法规则，如示例代码 5-4 所示。

> **示例代码 5-4：查询表中指定的列**
>
> SELECT <列名表> FROM <数据库表名或视图名>

　　当<列名表>中有多个列时，则以"，"对各个列进行分隔。

　　例如，查询电子商城购物系统的 customer 表的 CusID 列及 CusName 列的信息，如示例代码 5-5，执行结果如图 5-2 所示。

> **示例代码 5-5：查询 customer 表中指定列**
>
> SELECT CusID,CusName FROM customer

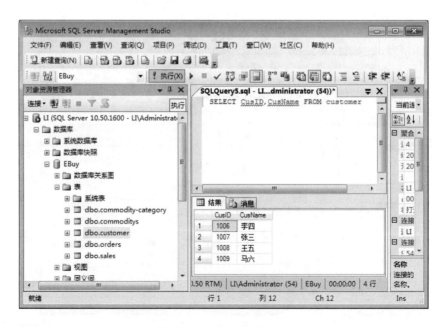

图 5-2　查询表中指定列

5.3.3　查询表达式的值

有时我们直接从数据库里，能查询出来的仅仅是列的基础数据，而有时我们需要做一些算术运算，得到计算出来的结果的数据值。如一般员工的工资表里存放的是月工资情况，如果需要得到年工资总和，就需要把取出来的基本月工资乘以 12（一年的总月份数）个月，这样得到每位员工的年工资了。为了完成诸如这类功能，用 SELECT 命令就可以实现，即查询表达式的值。其语法规则如示例代码 5-6 所示。

示例代码 5-6：查询表达式的值的语法规则
SELECT <目标列表达式> [AS 别名] FROM <数据库表名或视图名>

当<目标列表达式>中有多个表达式时，可以给它取一个比较直观的别名，同时以"，"分隔。

假如，需要知道电子商城 Ebuy 系统的 commoditys 表中的每种商品总价（ComPrice(单价)*StoAmount(库存量)）信息，如示例代码 5-7，执行结果如图 5-3 所示。

示例代码 5-7：查询表达式的值
SELECT ComName,ComPrice,StoAmount,ComPrice*StoAmount FROM commoditys

图 5-3　查询表达式的值

从图 5-3 可以看到数据库中有三条商品信息记录。"（无列名）"信息项数据显示的商品总价值刚好是"ComPrice(单价)*StoAmount(库存量)"的值。

5.3.4 更改列标题

在做数据库表设计时，往往把表的列名称命名为英文或中文拼音，如果查询时对输出列标题不作任何转换，列标题就是数据库表的列名称，而表达式列的输出列名就是"（无列名）"，很难读懂。所以如图 5-3 所示的"（无列名）"标题不明白该列输出的是什么。这时，我们可以把输出表列的标题取一个容易看懂的名字。例如使用中文名字，这时就可以利用 SELECT 查询使用别名的方式，给输出列标题取名字。

例如，需要知道电子商城 EBuy 系统的 commoditys 表中的每种商品总价（ComPrice(单价)*StoAmount(库存量)）信息，并且将输出列"ComPrice"取名为"单价""StoAmount"取名为"库存""ComPrice*StoAmount"取名为"库存商品总价值"，如示例代码 5-8，执行结果如图 5-4。

示例代码 5-8：指定列别名的查询

SELECT ComName AS 商品名称,ComPrice AS 单价,StoAmount AS 库存量,
ComPrice*StoAmount as 库存商品总价值 FROM commoditys

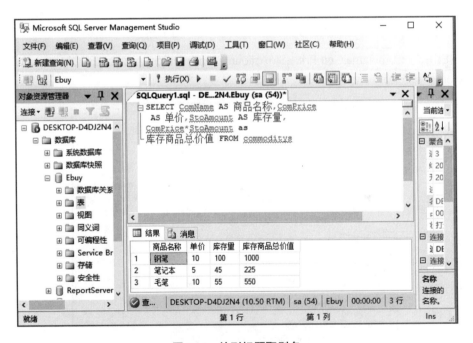

图 5-4 给列标题取别名

5.3.5 WHERE 条件查询

对数据库表进行查询时，往往只查询数据库表的一部分数据，即限定条件进行查询，因为这样带条件的查询，更能有效地检索到满足客户需求的数据。比如去银行查询存款账户余额时，不能查询出本账户之外的其余账户的信息。如果你能查询出别人的账户信息，那么数据库就没有安全性可言。所以数据库提供了带条件查询方法。

1. 单条件查询

在对数据库表作条件查询的时候，如果只有一个查询条件，那么就是单条件查询。

例如，我们需要查询电子商城购物系统的 orders（订单信息表）表中 CusID（客户代码）为"1005"的客户订单信息。如示例代码 5-9，执行结果如图 5-5 所示。

示例代码 5-9：查询 CusID 为 1005 的记录
SELECT * FROM orders WHERE CusID='1005'

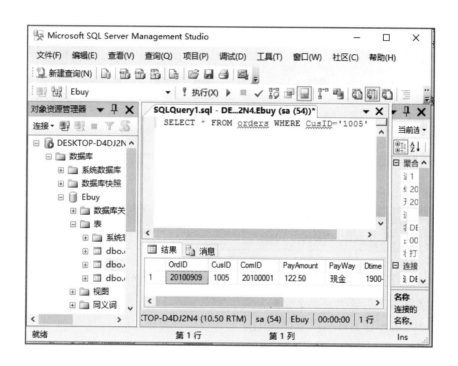

图 5-5　WHERE 单条件查询

2. 多条件查询

对数据库表作条件查询的时，如果有多个查询条件作限制的查询，那么就是多条件查询。

例如，需要查询电子商城购物系统的 orders（订单信息表）表中 Amount（订单货物数量）大于 10，且 PayAmount（支付总金额）大于 1000.00 的信息。如示例代码 5-10，执行结果如图 5-6 所示。

示例代码 5-10：查询 Amount 大于 10 并且 PayAmount 大于 1000.00 的记录
SELECT * FROM orders WHERE Amount>10 and PayAmount>1000.00

3. 使用通配符查询

在查询数据库时，只知道要查询的数据的部分内容，不知道要查询数据的完整信息。在查询中就需要用到模糊查询，使用通配符（"%"或"_"）就可以实现。

使用通配符查询语法规则如示例代码 5-11 所示。

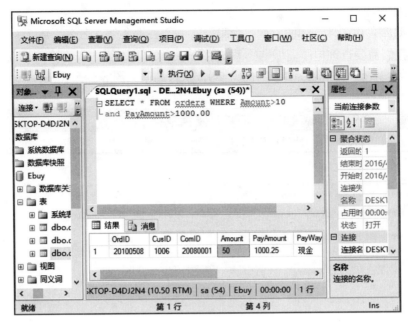

图 5-6　WHERE 多条件查询

示例代码 5-11：使用通配符的查询语法规则
WHERE <属性列名> [NOT] LIKE <匹配串>

其中，<匹配串>可以是一个完整的字符串，也可以含有通配符"%"或"_"。前者代表任意长度的字符串，后者代表单个字符。

例如，a%b 表示以 a 开头以 b 结尾的任意长度的字符串；a_b 表示以 a 开头 b 结尾长度为 3 的字符串。

假如，我们需要查询电子商城购物系统的 customer 表（客户信息表）中字段 Address（地址）的数据值中含有"河"的所有记录，如示例代码 5-12，执行结果如图 5-7 所示。

示例代码 5-12：查询 Address 中含有"河"的记录
SELECT * FROM customer WHERE Address LIKE '%河%'

如果在 LIKE 前加上 NOT 关键字，表示查询与之不匹配的数据库记录行信息。如示例代码 5-13，执行结果如图 5-8 所示。

示例代码 5-13：查询 Address 中不含有"河"的记录
SELECT * FROM customer WHERE Address NOT LIKE '%河%'

从图 5-7 和图 5-8 可以看到以下信息：

（1）图 5-7 查询结果

电子商城购物系统的 customer 中字段 Address 数据值中含有"河"的所有记录。

图 5-7　使用通配符查询

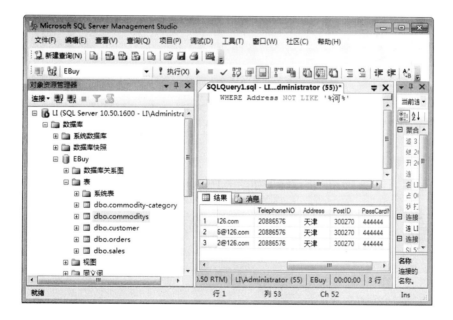

图 5-8　使用 NOT 与通配符配合的查询

（2）图 5-8 查询结果

电话商城购物系统的 customer 中字段 Address 数据值中不含有"河"的所有记录。

4. 使用 NULL 值的查询

在条件表达式中，查询出属性列值为 NULL 的记录，语法规则如示例代码 5-14 所示。

示例代码 5-14：使用 NULL 值查询的语法规则
WHERE <属性列名> IS [NOT] NULL

假如，需要从电子商城购物系统的 customer（客户信息表）表中查询出 Address（地址）数据值为 NULL 的记录信息，如示例代码 5-15，执行结果如图 5-9 所示。

示例代码 5-15：查询 Address 数据值为 NULL 记录

SELECT * FROM customer WHERE Address IS NULL

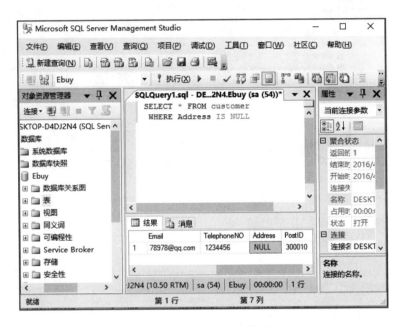

图 5-9　使用 NULL 值的查询

与使用通配符的 NOT LIKE 查询类似，NOT NULL 就是查询列值为非 NULL 的数据库记录信息，如示例代码 5-16，执行结果如图 5-10 所示。

示例代码 5-16：查询 Address 字段中不为 NULL 的记录

SELECT * FROM customer WHERE Address IS NOT NULL

---

5. 确定属性值范围的查询

在数据库查询应用中，经常需要查询某个时间段内的数据记录，或按某个时间段进行数据统计。如公司财务部门经常以一个月初至月末为时间段进行公司收入和支出的统计等。现在我们讲解在 WHERE 条件表达式中，利用谓词 BETWEEN...AND... 和 NOT BETWEEN...AND... 查询属性列值在（或不在）指定范围内的记录。其中 BETWEEN 后是范围的下限，AND 后是范围的上限，其基本语法规则如示例代码 5-17 所示。

示例代码 5-17：确定属性值范围查询的语法规则

WHERE <属性列名> BETWEEN <下限值> AND <上限值>

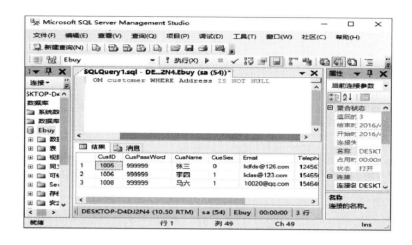

图 5-10　使用 NOT NULL 值的查询

假如，需要查询电子商城购物系统的 customer 表（客户信息表）中，字段 CusID（客户代码）的数据值在"1005"至"1007"之间的所有客户信息，如示例代码 5-18，执行结果如图 5-11 所示。

示例代码 5-18：查找 CusID 在 1005 和 1007 之间的记录
SELECT * FROM customer WHERE CusID BETWEEN 1005 AND 1007

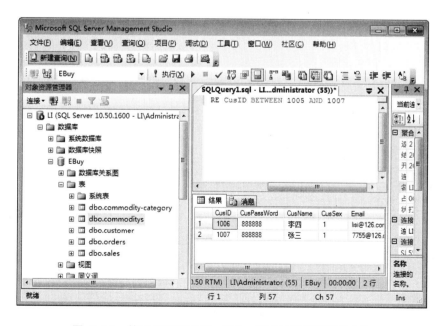

图 5-11　使用 BETWEEN...AND...确定属性值范围的查询

如果需要查询数据库表某列值，在某个范围之外的记录，则需要使用 NOT BETWEEN...AND... 谓词进行查询。

假如，需要查询电子商城购物系统的 customer 表（客户信息表）中字段 CusID（客户代码）的数据值不在"1005"至"1007"之间的所有客户信息，如示例代码 5-19，执行结果如图 5-12 所示。

示例代码 5-19：查找 CusID 不在 1005 和 1007 之间的记录

```
SELECT * FROM customer WHERE CusID NOT BETWEEN 1005 AND 1007
```

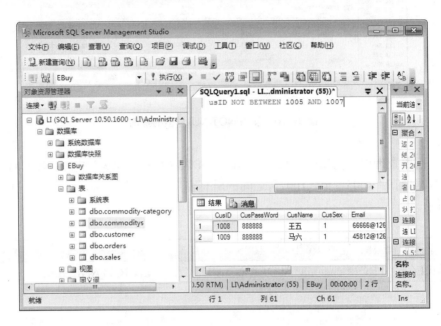

图 5-12　使用 NOT BETWEEN...AND...确定属性值范围的查询

从图 5-11 和图 5-12 可以看出，分别使用 BETWEEN...AND...和 NOT BETWEEN...AND... 对同一个表、同一个字段、相同的上下限进行数据库表查询，对输出结果集来说是互补查询。

5.3.6　筛选查询

1. 消除重复值的查询

我们经常需要作消除重复值的查询，比如基金交易系统管理员需要知道，当天只发生了哪几种交易，由于基金交易种类一般有十几种之多，而每天并不是每种交易都发生，而有些交易种类的交易经常发生，且记录量很大，所以需要查询当天有哪些种类的交易发生，这时需要从交易流水表中对交易种类字段作消除重复值查询，否则，对统计有哪几种交易发生了带来很大的麻烦，甚至无法统计。在现实生活中类似例子很多，我们就不再一一举例。

假如，需要查询电子商城购物系统的 orders（订单表）中已经有哪些客户提交了订单，对 CusID（客户代码）进行查询，如示例代码 5-20，执行结果如图 5-13 所示。

示例代码 5-20：查询不消除重复的记录

```
SELECT CusID FROM orders
```

图 5-13　不消除重复记录的查询

从图 5-13 我们发现，有个客户已经提交过订单，即"1006"，但是输出却是 2 行记录。如果有上百万行数据，需要统计有哪些客户提交过订单，用这种方法统计，显然是个难题，那该怎么办呢？接下来就要讲解如何消除重复记录的查询。消除重复记录，可以使用 SQL 语句的 SELECT DISTINCT 来实现。

使用消除重复记录查询重新完成上述查询。如示例代码 5-21，执行结果如图 5-14 所示。

示例代码 5-21：查询消除重复的记录

```
SELECT DISTINCT CusID FROM orders
```

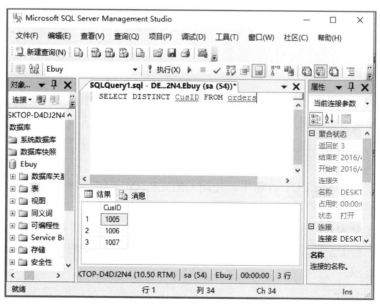

图 5-14　使用 DISTINCT 谓词消除重复记录的查询

从图 5-14 可以看出，使用 SELECT DISTINCT 针对某个字段查询出来的记录结果是唯一的。

2. TOP n 查询

通过 SELECT TOP n 语句可以返回表中前 n 条数的记录。例如需要查看数据库表的前 n 条记录信息，就使用 SELECT TOP n 语句来完成。

需要查询电子商城购物系统的 orders（订单表）表中前两条记录的信息，如示例代码 5-22，执行结果如图 5-15 所示。

示例代码 5-22：查询前 2 条记录

SELECT TOP 2 * FROM orders

图 5-15　查询前 2 条记录

5.3.7　排序查询

对于排序，我们都知道，小学时老师经常让我们按高矮次序排队出来搞课外活动，通过高低排序，老师能更好的看到每位学生，及时了解每位学生的情况。同理，财务部门每个月都会按部门员工工资，从高到低排序，以便了解员工工资情况等。为了实现这样的功能，数据库提供数据排序功能。

数据库排序是在 SELECT 语句中，使用 ORDER BY 子句，对查询结果集中的数据记录按指定的字段的值进行排序。

数据库排序分为升序排序（默认方式）、降序排序、单属性值排序、多属性值排序、按列别名排序等。对于空值，若按升序排序，含空值的记录将最后显示，若按降序排序，含空的记录将最先显示。

1. 单值升序排序

假如，需要查询电子商城购物系统的 orders（订单表）表中按 Amount（订单数量）由小到大进行排序查询，如示例代码 5-23，执行结果如图 5-16 所示。

示例代码 5-23：查询按单值升序（默认）排序
SELECT Amount,OrdID,CusID,PayAmount,PayWay,DTime,IsAfirm,IsSendGoods FROM orders ORDER BY Amount

对于升序排序，还可以使用显示升序排序，如示例代码 5-24，执行结果如图 5-17 所示。

示例代码 5-24：查询单值升序排序
SELECT Amount,OrdID,CusID,PayAmount,PayWay,DTime,IsAfirm,IsSendGoods FROM orders ORDER BY Amount ASC

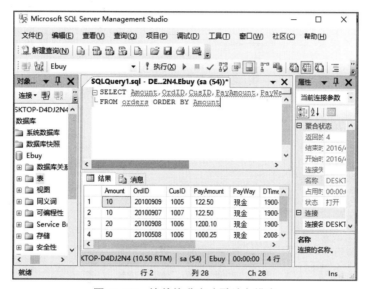

图 5-16　按单值升序（默认）排序

图 5-17　按单值显示升序排序

从图 5-17 可以看到，在排序子句的被排序字段 Amount 后加上了"ASC"谓词，由原来的默认升序排序，变成显示升序排序。

2. 单值降序排序

在降序排序子句中指定被排序字段，被排序的字段值将由大到小显示，并且降序排序一定要在排序子句的被排序字段后，用 DESC 谓词显示指出。仍以单值升序排序的例子为例，只是改为降序排序，如示例代码 5-25，执行结果如图 5-18 所示。

示例代码 5-25：查询单值降序排序
SELECT Amount,OrdID,CusID,PayAmount,PayWay,DTime,IsAfirm,IsSendGoods FROM orders ORDER BY Amount DESC

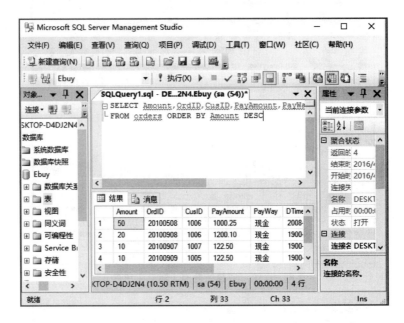

图 5-18　按单值降序排序

3. 按多属性值排序

在排序子句中，可以指定多个字段进行多属性值排序，而每个字段又可指定升序或降序排序，排序的顺序按字段在排序子句中出现的先后顺序而定。如示例代码 5-26，执行结果如图 5-19 所示。

示例代码 5-26：按多属性值排序
SELECT Amount,OrdID,CusID,PayAmount,PayWay,DTime,IsAfirm,IsSendGoods FROM orders ORDER BY Amount DESC,OrdID ASC

从图 5-19 可以看出，在排序子句 ORDER BY 之后指定了 Amount（订单数量）和 OrdID（订单号）进行排序，并且 Amount 按降序排序和 OrdID 按升序排序。从图 5-19 与图 5-18 对比来看，图 5-19 最后两行因指定了 OrdID 为升序排序，所以在 Amount 按降序排序的基础上再对 OrdID 按升序排序。

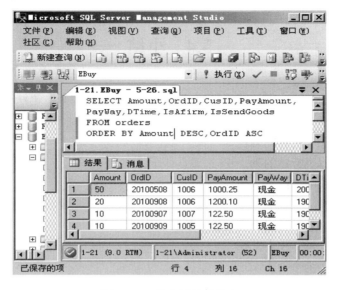

图 5-19　按多属性值排序

4. 按列别名进行排序

以示例代码 5-26 的情况为例，只是在 SELECT 列表中指定了列的别名，然后再在排序子句中，使用列的别名对列进行排序，如示例代码 5-27，执行结果结果如图 5-20 所示。

示例代码 5-27：按列别名进行排序
SELECT Amount AS 订单数量,OrdID,CusID,PayAmount,PayWay,DTime, IsAfirm,IsSendGoods FROM orders ORDER BY 订单数量 DESC,OrdID ASC

图 5-20　按列别名进行排序

5.4　小结

➢　通过本章的学习，应该能够掌握 SELECT 查询语句的基本语法结构及相关概念。
➢　深入掌握和灵活应用数据库基本查询：
（1）查询数据库表所有的列；
（2）查询数据库表特定的列；
（3）查询表达式的值；
（4）更改列标题；
（5）使用 WHERE 子句进行带条件查询；
（6）筛选查询；
（7）各种排序查询等。
针对以上查询能够做到理解→记住→灵活应用。

5.5　英语角

SELECT　　　　查询
WHERE　　　　指定（查询条件）
ORDER BY　　　排序

5.6　作业

1．请举一个现实生活中查询的例子（不需要写出 SQL 语句）。
2．在升序排序中一定要指定 ASC 谓词吗？
3．举一个降序排序的例子（请写出 SQL 语句）。
4．如果有这么一条 SQL 语句：SELECT (a*b)-c+e-10 FROM t_***请您改进它，并写出改进的理由。

5.7　思考题

当给出某数据库表结构及数据库字段的中文解释，并且知道某个具体字段的数据值里头包含某特定信息（信息的一个连续片断），为了能检索出包含你已经知道的特定信息的记录，请问你将使用数据库查询的何种技术查询数据库表？

5.8　学员回顾内容

SELECT 查询的语法规则。

参考资料
郭振民,《SQL Server 数据库技术》,中国水利水电出版社,2009. 李 (Michaer Lee),比克 (Gentry Bieker),《精通 SQL Server 2008》,清华大学出版社,2010. 明月科技,《SQL Server 从入门到精通》,清华大学出版社,2012. 网上 SQL Server 数据库技术资料。

第 6 章　SQL Server 2008 SQL 高级查询

学习目标

❖　了解高级查询的概念。

❖　理解什么是分组查询、连接查询、子查询、合并查询等的概念及语法结构。

❖　深入掌握 SQL 语句在 SQL Server 2008 数据库的高级应用：分组查询、连接查询、子查询、合并查询等。

课前准备

1. 分组查询；
2. 连接查询；
3. 子查询；
4. 合并查询；
5. 其他复杂查询。

6.1　本章简介

本章将在基本 SQL 语句使用的基础上学习高级 SQL 语句的使用。在这一章里我们将深入学习分组查询、连接查询、子查询、合并查询等。以适应使用复杂的 SQL 语句解决复杂的问题，比如我们需要在员工表和部门表之间建立连接查询：查询出员工表里的部门字段的数据在部门表里存在的所有员工信息等，涉及多表之间的数据查询的问题就需要更复杂的 SQL 语句来解决。接下来我们将学习高级 SQL 语句在 SQL Server 2008 数据中的使用。

6.2　分组查询

在开发数据库应用程序时，经常需要统计数据库的数据。当执行数据统计时，需要将表中的数据划分成几个组，最终统计每个组的数据结果。比如，在 EBuy（电子商城购物系统）数据库中，用户经常需要统计不同客户、不同商品的订单总数；对同一种商品在一段时间内所下订单的商品总数量及支付总金额等；作为 EBuy 应用系统的管理者还需要统计客户的总数，客户按地区分组的分布情况等，这就涉及数据库的分组统计查询。例如，使用 EBuy 系统的客户可能需要得到如下分组统计查询信息：某客户登录 EBuy 数据库应用系统，希望通过输入自己的客户号及订单日期的上下限，获得在这一段时间内每种商品所下订单的商品数量及相应的商品支付总金额。

在关系数据库中，数据分组是通过 GROUP BY 子句、分组函数以及 HAVING 子句共同实现。其中 GROUP BY 子句用于制订要分组的列（如：ComID-商品号），而分组函数则用于显示统计结果（如：COUNT、AVG、MIN 等），而 HAVING 子句则用于限制分组显示结果。

6.2.1　使用 GROUP BY 简单分组查询

1．常用的聚合函数

数据库查询的主要特点之一就将各种分散的数据按一定规律、条件进行分类汇总，得出统计结果。SQL Server 2008 提供了聚合函数和 GROUP BY 子句来完成简单的分组查询统计。在应用分组查询之前先介绍几个常用的聚合函数：

➢ AVG：求平均值

➢ COUNT：统计函数，计算组中成员个数（组中记录行数）

➢ MAX：求最大值

➢ MIN：求最小值

➢ SUM：求和

从上述对函数的描述，可以看出聚合函数可以对一组数据返回单一的值，所以称为聚合函数。除 COUNT 函数外，聚合函数忽略空值。

2．GROUP BY 子句及单列分组

对查询结果进行分组统计，通过 GROUP BY 子句来完成的。而使用 GROUP BY 进行单列分组是使用 GROUP BY 的最简单方式，单列分组就是指在 GROUP BY 子句中使用单个列生成分组统计数据。进行单列分组时会基于列的每个不同值生成数据统计结果。GROUP BY 子句的语法规则如示例代码 6-1 所示。

示例代码 6-1：GROUP BY 子句的语法规则

GROUP BY <分组表达式>

分组表达式是分组的依据，如果分组表达式中有多个表达式，就用"，"分隔。

例如：查询 EBuy 电子商城购物系统中 orders 表（订单表）中目前订单总数，如示例代码 6-2，执行结果如图 6-1 所示。

示例代码 6-2：查询 orders 表中订单数目

SELECT COUNT(*) FROM orders

图 6-1 统计了 orders 表中总的订单份数（即，把整个表的记录作为一个组，求总记录数）。

图 6-1　分组统计组中成员数

在示例代码 6-2 所示的例子的基础上，如果需要知道每种商品的所有订单的平均订购商品数。此时需要按商品种类进行分组查询，然后求得每种商品每份订单订购的商品的平均数量。为了能很好地理解求平均值函数和分组子句的作用，我们先查看不分组统计的情况，如示例代码 6-3，执行结果如图 6-2 所示。

示例代码 6-3：orders 表非分组统计查询
SELECT OrdID,ComID,Amount FROM orders

图 6-2　非分组统计查询

从图6-2可以看到一共有四份订单（共计4行记录），有三种商品（ComID列有"20080001""2010002""2010001"代表不同商品号），第三份订单和第四份订单订购的是同一种商品（商品号相同都为"2010001"）。

在对图6-2"非分组统计查询"分析的基础上进行分组查询统计，求每种商品所有订单平均订购商品数，如示例代码6-4，执行结果如图6-3所示。

> **示例代码6-4：每种商品所有订单平均订购商品数**
> SELECT ComID,AVG(Amount) AS 平均商品数 FROM orders GROUP BY ComID

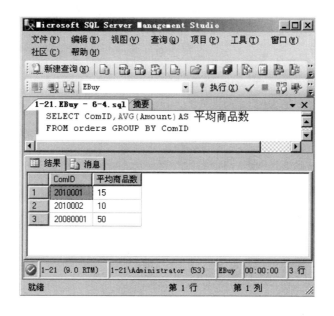

图 6-3　统计分组的列的平均值

从图6-3可以看出，商品号为"2010001"的两笔订单平均订购的商品数为"15"。

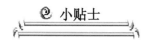

> 当执行SELECT语句时，如果选择列表同时包含列、表达式、分组函数，那么这些列和表达式必须出现在GROUP BY子句中。

3. 多列分组

使用GROUP BY进行多列分组，多列分组就是指在GROUP BY子句中使用多个列生成分组统计数据。进行多列分组时会基于多个列的不同值生成数据统计结果。

例如：在EBuy应用系统的orders表（订单表）中，如果我们需要知道每个客户、每种商品的所有订单平均订购商品数。使用CusID（客户代码）和ComID（商品代码）进行分组查询统计，如示例代码6-5，执行结果如图6-4所示。

示例代码 6-5：CusID 和 ComID 进行分组查询统计

SELECT CusID,ComID,AVG(Amount) AS 平均商品数
FROM orders GROUP BY CusID,ComID

图 6-4　多列分组

6.2.2　在分组中使用 HAVING 子句

GROUP BY 子句用于对查询结果进行分组统计，而 HAVING 则用于限制分组显示结果，并且 HAVING 子句必须跟在 GROUP BY 子句的后面。我们可以形象地比喻：WHERE 子句是 SELECT 带条件查询，那么 HAVING 子句就是 GROUP BY 带条件分组的查询。

例如：在 EBuy 应用系统的 orders 表（订单表）中，如果需要知道每个客户、每种商品的所有订单的平均订购商品数，而且每个订单的平均商品数要大于 40。使用 CusID（客户代码）和 ComID（商品代码）进行条件分组查询统计，如示例代码 6-6，执行结果如图 6-5 所示。

示例代码 6-6：CusID 和 ComID 条件分组查询统计

SELECT CusID,ComID,AVG(Amount) AS 平均商品数 FROM orders GROUP BY CusID,ComID HAVING AVG(Amount)>40

通过比较图6-4和图6-5可以发现，通过使用 HAVING 条件分组统计查询（即，每份订单的平均商品数大于40）设定分组统计的条件可以在输出时过滤掉我们不关心的分组统计数据。

图 6-5　HAVING 条件分组统计查询

6.3　连接查询

连接查询是指基于两个或两个以上的基表或视图的查询。在实际应用中，查询单个表可能无法满足应用程序的要求（例如：在 EBuy 应用系统中，如果既要显示部分客户的姓名、地址，又要显示订单的商品数量，这些数据分别存放于 customer 表（客户信息表）和 orders 表（订单表）两个不同的表中，这时就需要用到连接查询，把分别处于两个表的数据关联起来查询）。

连接查询的语法规则如示例代码 6-7 所示。

示例代码 6-7：连接的语法规则

```
SELECT table1.column,table2.column
FROM table1[INNER|LEFT|RIGHT|FULL|CROSS]JOIN
table2 ON table1.column=table2.column
```

参数说明：

INNER JOIN：表示内连接；

LEFT JOIN：表示左连接；

RIGHT JOIN：表示右连接；

FULL JOIN：表示完全连接；

CROSS JOIN：交叉连接；

ON：后跟连接条件。

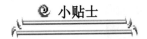
小贴士

> （1）当使用连接查询时，必须在 FROM 子句后指定两个或两个以上的表。
> （2）当使用连接查询时，应当在列名前面加表名作为前缀，但是如果不同标志键的列名不同，则不需要在列名前面加表名作前缀，反之，必须加表名作前缀。
> （3）当使用连接查询时，必须在 WHERE 子句中指定有效的连接条件（在不同的表列之间进行连接），如果是无效的连接查询会导致产生笛卡儿集（X*Y）。
> （4）可以使用表的别名进行连接查询，能够简化连续查询。

6.3.1　内连接查询

内连接是指，当且仅当连接条件成立时，才在结果集中产生一条连接记录。当左表中某记录根据连接条件在右表中没有匹配的记录时，该记录便被忽略。一般分为等值连接、不等连接、自连接等。

1. 等值连接

等值连接使用等于"="运算符，在查询结果中列出所连接表中的所有列。

例如，EBuy 数据库应用系统中商品类别表（commodity_category）和商品信息表（commoditys），我们需要显示所有商品的类别名称及该类别的商品在商品表里已存在的商品名称。如示例代码 6-8，执行结果如图 6-6 所示。

示例代码 6-8：等值连接
SELECT a.CatName,c.ComName FROM commodity_category AS a INNER JOIN commoditys AS c ON a.CatID=c.CatID

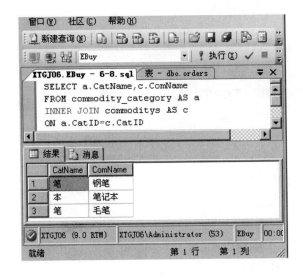

图 6-6　等值连接查询

从图 6-6 可以看到，在不同表中的数据，经过连接这两个表后查询，数据一起输出。

以上等值连接查询也可以使用 WHERE 子句实现，其查询结果是一样的，如示例代码 6-9，执行结果如图 6-7 所示。

示例代码 6-9：WHERE 子句实现等值连接查询
SELECT a.CatName,c.ComName FROM commodity_category AS a, commoditys AS c WHERE a.CatID=c.CatID

图 6-7　WHERE 实现内连接查询

2. 不等连接

不等连接中使用除了等于运算符外的比较运算符，包括>、>=、<、<=、!>、!<、<>等。

例如，在 EBuy 应用系统的 customer 表（客户信息表）中查询 CusID 不等于 orders 表中 CusID 的客户号和客户姓名。如示例代码 6-10，执行结果如图 6-8 所示。

示例代码 6-10：不等连接
SELECT o.CusID,a.CusName FROM customer AS a,orders AS o WHERE a.CusID<>o.CusID

3. 自连接

自连接是 SQL 语句中经常要用的连接方式，用于建立单个表内的关联，使用自连接可以将自身表的一个镜像当作另一个表来对待，从而能够得到一些特殊的数据。自连接的本意就是将一张表看成多张表来做连接。

假如，需要查询 EBuy 应用系统中，orders 表（订单表）中单价为 100 的订单部分信息（CusID—客户代码、ComID—商品代码、Amount—商品数量、PayAmount—付款金额），如示例代码 6-11，执行结果如图 6-9 所示。

图 6-8 不等连接查询

示例代码6-11：自连接
SELECT a.CusID,a.ComID,a.Amount,a.PayAmount FROM orders AS a,orders AS b WHERE b.PayAmount=a.Amount*100

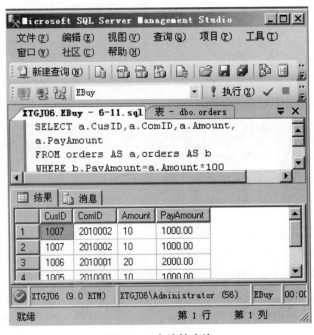

图 6-9 自连接查询

6.3.2　外连接查询

外连接不仅包含符合连接条件的记录，而且还包含左表或右表连接中的所有行。这一类连接一般分为左连接（LEFT JOIN）、右连接（RIGHT JOIN）、完整连接（FULL JOIN）。

1. 左连接（LEFT JOIN）

左外连接是通过指定 LEFT[OUTER]JOIN 选项来实现的。当使用左外连接的时候，不仅返回满足条件的所有记录，而且还会返回不满足条件的连接操作符左边表的其他行。

假如，需要在 EBuy 应用系统中 commodity_category 表（商品类别表）和 commoditys 表（商品信息）中查询所有的商品类别名称（CatName）信息，以及在商品表中存在的商品类别的商品名称（ComName）信息。我们使用左连接来查询，如示例代码 6-12，执行结果如图 6-10 所示。

示例代码 6-12：左连接
SELECT a.CatName,b.ComName FROM commodity_category a LEFT JOIN commoditys b ON a.CatID=b.CatID

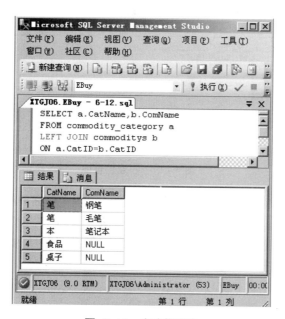

图 6-10　左连接查询

从图 6-10 中可以看到 commndity_category 表在 LEFT JOIN 的左边，查询输出时该表不仅会输出满足条件的记录，还会输出不满足条件的所有记录，而右边的 commoditys 表只能够输出满足条件的记录数据。

2. 右连接

右外连接是通过指定 RIGHT[OUTER]JOIN 选项来实现的。当使用右外连接时不仅返回满足条件的所有记录，而且还会返回不满足条件的连接操作符右边表的其他行。

假如需要在 EBuy 应用系统中 commodity_category（商品类别表）表和 commoditys（商品信

息）表中查询所有的商品名称（ComName）信息，以及商品类别在商品信息表中存在的商品类别名称（CatName）信息。我们使用右连接来查询，如示例代码 6-13，执行结果如图 6-11 所示。

示例代码 6-13：右连接

```
SELECT a.CatName,b.ComName FROM commodity_category a
RIGHT JOIN commoditys b ON a.CatID=b.CatID
```

图 6-11　右连接查询

从图 6-11 可能看到，在商品信息表中虽然商品"饭盆"在商品列表中并无该商品对应的类别，但是，由于我们使用右连接，commoditys 表在 RIGHT JOIN 的右边，所以该表的所有商品名称都会输出，而在右连接中左边的表只能输出满足条件的记录。

3. 完全连接

完全外连接是通过指定 FULL[OUTER]JOIN 选项来实现的。当使用完全外连接时不仅返回满足条件的所有记录，而且还会返回不满足条件的所有其他行。

假如需要查询 EBuy 应用系统中 commodity_category 表（商品类别表）和 commoditys 表（商品信息）表中查询所有的满足 CatID（商品类别代码）相等及不满足 CatID（商品类别代码）相等的所有商品名称（ComName）信息和商品类别名称（CatName）信息，我们使用完全连接来实现，如示例代码 6-14，执行结果如图 6-12 所示。

示例代码 6-14：完全连接

```
SELECT a.CatName,b.ComName FROM commodity_category a
FULL JOIN commoditys b ON a.CatID=b.CatID
```

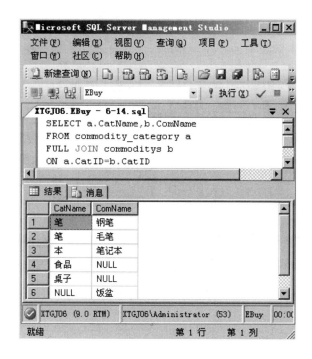

图 6-12　完全连接查询

6.4　子查询

　　子查询也称为内部查询和内部选择，是一个 SELECT 查询，包含子查询的语句也称为外部查询或外部选择。下面主要介绍三种类型的子查询。

6.4.1　[NOT]IN 子查询

　　由 IN 或 NOT IN 引出的子查询可能返回零个或多个值，其执行分为两个步骤：首先执行内部子查询，然后执行外层查询。

　　假如，利用子查询查询商品信息表中价格大于 2 的商品类别编号，再利用外查询来查询商品类别表中有哪些商品类别编号与子查询相符合，如示例代码 6-15，执行结果如图 6-13 所示。

示例代码 6-15：IN 子查询
SELECT CatID,CatName FROM commodity_category WHERE CatID IN (SELECT CatID FROM commoditys WHERE ComPrice>2)

　　如果在示例代码 6-15 中使用 NOT IN 子查询，那么将得到除 CatID 为 "10001" "10002" 之外的所有商品类别的记录信息。

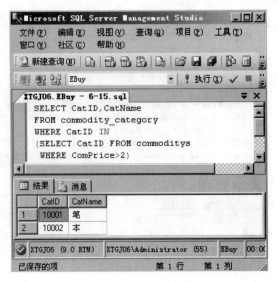

图 6-13   IN 子查询

6.4.2   [NOT]EXISTS 子查询

由 EXISTS 和 NOT EXISTS 引出的子查询，可以判断子查询结果中是否有数据存在，所以子查询的选择列表常使用 SELECT * 格式。

例如，判断商品类别表中有哪些商品类别编号在商品信息表中存在。如示例代码 6-16，执行结果如图 6-14 所示。

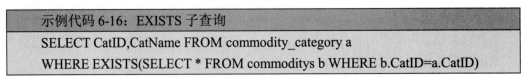

示例代码 6-16：EXISTS 子查询

SELECT CatID,CatName FROM commodity_category a
WHERE EXISTS(SELECT * FROM commoditys b WHERE b.CatID=a.CatID)

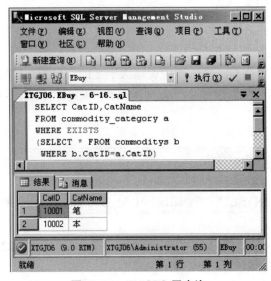

图 6-14   EXISTS 子查询

　　如果在示例代码 6-16 中使用 NOT EXISTS 子查询，那么将查询出商品类别表中有哪些商品类别编号在商品信息表中不存在的结果集。

6.4.3　由比较运算符引出的子查询

　　由比较运算符引出的子查询是指外层查询与子查询之间用比较运算符进行连接，子查询一定要跟在比较运算符之后。

　　例如，利用子查询查询商品信息表中商品的单价与批发价的差值小于 1、且库存数量大于 10 的商品类别编号，再利用外查询查询商品类别表中有哪些商品类别编号与子查询相符合，如示例代码 6-17，执行结果如图 6-15 所示。

示例代码 6-17：使用比较运算符的子查询
SELECT CatID,CatName FROM commodity_category WHERE CatID=(SELECT CatID FROM commoditys WHERE(SalPrice-ComPrice)<1 AND StoAmount>10)

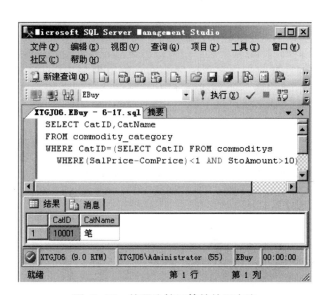

图 6-15　使用比较运算符的子查询

　　其实，也可以使用谓词 ANY 和 ALL 与比较运算符一同构成子查询。其语义如下：

　　>ANY：大于子查询结果中的某个值。

　　>ALL：大于子查询结果中的所有值。

　　同样<ANY、<ALL、>=ANY、>=ALL、<=ANY、<=ALL、<>ANY、<>ALL 等的含义可以推导出来。

　　例如，利用子查询查询商品信息表中商品的单价与批发价大于 5、且库存数量大于 10 的商品类别编号，再利用外查询查询商品类别表中有哪些商品类别编号大于子查询结果记录中的任何一个商品的商品类别编号和商品类别名称。如示例代码 6-18，执行结果如图 6-16 所示。

示例代码 6-18：使用 ANY 比较的子查询

SELECT CatID,CatName FROM commodity_category
WHERE CatID>ANY(SELECT CatID FROM commoditys
WHERE(SalPrice-ComPrice)>5 AND StoAmount>10)

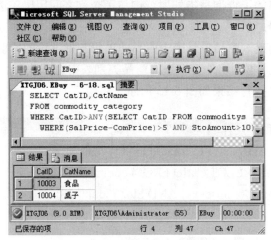

图 6-16　使用 ANY 比较的子查询

又如，利用子查询查询商品信息表中商品的存数量小于 10 的商品类别编号，再利用外查询查询商品类别表中哪些商品类别编号大于子查询结果记录集中的所有商品的商品类别编号或和商品类别名称。如示例代码 6-19，执行结果如图 6-17 所示。

示例代码 6-19：使用 ALL 比较的子查询

SELECT CatID,CatName FROM commodity_category
WHERE CatID>ALL(SELECT CatID FROM commoditys
WHERE StoAmount<10)

图 6-17　使用 ALL 比较的子查询

6.5　集合查询

有时我们需要查询的结果是由多个查询结果集合而成，得到所需要的所有查询结果。例如，金融交易系统的流水信息查询，其查询的结果可能来自当前流水表或历史流水表，可以用两条 SELECT 语句分别查询当前和历史流水表，然后合并两个 SELECT 查询的结果集。为了集合多个 SELECT 语句的结果，可以采用集合操作符 UNION，UNION ALL、INTERSECT 等。

6.5.1　使用 UNION 的集合查询

UNION 操作符用于获取两个结果集的并集，该操作会自动过滤掉重复数据行，并按输出结果的第一列进行排序。

例如，从商品信息表 commoditys 中查询商品代码大于 2010001 及商品单价大于 10 的商品代码和商品名称。如示例代码 6-20，执行结果如图 6-18 所示。

> 示例代码 6-20：使用 UNION 的集合查询
>
> SELECT ComID,ComName FROM commoditys WHERE ComID>2010001
> UNION
> SELECT ComID,ComName FROM commoditys WHERE ComPrice>10

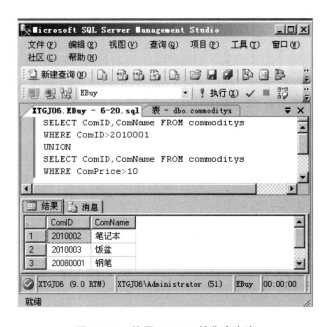

图 6-18　使用 UNION 的集合查询

6.5.2 使用 UNION ALL 的集合查询

UNION ALL 操作符用于获取两个结果集的并集，该操作不会过滤掉重复数据行，并不会按输出结果的任何列进行排序。

例如，从商品信息表 commoditys 中查询商品代码大于 2010001 及商品单价大于 10 的商品代码和商品名称。如示例代码 6-21，执行结果如图 6-19 所示。

示例代码 6-21：使用 UNION ALL 的集合查询

SELECT ComID,ComName FROM commoditys WHERE ComID>2010001
UNION ALL
SELECT ComID,ComName FROM commoditys WHERE ComPrice>10

图 6-19 使用 UNION ALL 的集合查询

通过图 6-18 和图 6-19 的比较，可以发现使用 UNION ALL 的查询结果中没有剔除重复的记录行。

6.5.3 使用 INTERSECT 的集合查询

INTERSECT 操作符用于获取两个结果集的交集。当使用该操作符时，只会显示同时存在于两个结果集中的数据，并且以第一列进行排序。

例如，从商品信息表 commoditys 中查询商品代码大于 2010001 而且商品单价大于 10 的商品代码和商品名称。如示例代码 6-22，执行结果如图 6-20 所示。

示例代码 6-22：使用 INTERSECT 的集合查询

SELECT ComID,ComName FROM commoditys WHERE ComID>2010001
INTERSECT
SELECT ComID,ComName FROM commoditys WHERE ComPrice>10

图 6-20　使用 INTERSECT 的集合查询

6.6　SELECT INTO 的使用

SELECT 语句中使用 INTO 选项可以将查询结果写进新表中，新表结构与 SELECT 语句选择列表的字段结构完全相同。例如，当数据库开发人员在处理数据库表中的数据（修改等操作）时，为了保证数据修改不成功时能够恢复原来的数据库表数据，当然可以选择数据库备份和恢复技术，但这样做比较麻烦，特别是临时性只对局部个别的表操作时，使用数据库管理系统的备份和恢复机制更显得麻烦，这时可以把需要修改的数据使用 SELECT INTO 备份到另外一个结果完全相同的数据库表中（只是表名不一样）。

假如，在 EBuy 数据库的 dbo 账户有一个表 newcustomer，其结构和客户信息表 customer完全相同，那么可以把 customer 表中的数据用 SELECT INTO 导入 newcustomer 表，如示例代码 6-23 所示。

示例代码 6-23：使用 SELECT INTO 在表间导入数据

SELECT CusID,
CusPassWord,

```
    CusName,
    CusSex,
    Email,
    TelephoneNO,
    Address,
    PostID,
    PassCardNO
    INTO EBuy.dbo.newcustomer
    FROM EBuy.dbo.customer
```

使用 SELECT 语句插入记录

在 SQL Server 中，除了可以用 INSERT INTO 语句向数据库表中插入数据之外，还可以用 SELECT 语句实现插入数据。并且用 SELECT 语句插入数据的一个重要的用途是备份表，即备份要删除、修改或插入数据的数据表，下面就要讲解实现的具体方法。

用 INSERT INTO …SELECT 语句向表中插入数据，其实现的语法规则如示例代码 6-24 所示。

示例代码 6-24：INSERT INTO …SELECT 语句向表中插入数据语法规则

```
INSERT INTO table_name1(column1,column2,…columnN)
SELECT column1,column2,…columnN
FROM table_name2
WHERE condition
```

参数说明：

table1_name：表示要插入数据的目标数据表名称。

column1,column2,…columnN：指定向某些列中插入数据信息。

table2_name：表示提取插入数据信息的数据表。

condition：表示一个查询条件表达式。

小贴士

> SELECT 语句不能从正在被插入的表中选择数据。
>
> SELECT 语句返回列的数目必须等于 INSERT INTO 语句中列的数目。
>
> SELECT 语句返回列的数据类型必须与 INSERT INTO 语句中列的数据类型相同。

例如，下面新建一个数据库表 tempcustomer，并将 customer 表中所有的数据都复制到新创建的 tempcustomer 表中，如代码 6-25 所示。

示例代码 6-25：INSERT INTO …SELECT 语句向表中插入数据

INSERT　　INTO　　tempcustomer(CusID,CusPassWord,　　CusName,CusSex,Email,
TelephoneNO,Address,PostID,PassCardNO)

SELECT(CusID,CusPassWord,　　　　　　　　　　　　CusName,CusSex,Email,
TelephoneNO,Address,PostID,PassCardNO)

FROM customer

6.7　小结

➢　　本章节内容单一但重要性却有明显的提高。本章主要讲解了分组查询、连接查询、子查询、合并查询等复杂的查询，在数据库应用与设计方面经常需要用到这些复杂查询来表达复杂的业务逻辑，设计者如果能够很好的使用复杂的 SQL 语句往往能够大大简化程序（C语言、Java 等语言程序）逻辑，既减少程序开发量，又减少程序调试工作量等。通过本章学习应能够熟练掌握高级 SQL 用法，能够熟练应用分组查询、连接查询、子查询、集合查询，解决复杂的数据库查询。

6.8　英语角

GROUP BY　　　　　　分组查询
JOIN　　　　　　　　连接
UNION　　　　　　　联合
INTERSECT　　　　　交集

6.9　作业

1. 内连接和外连接的区别是什么？
2. 左外连接和右外连接以及完全连接查询有何区别？
3. UNION 和 UNION ALL 在合并查询的区别是什么？
4. 在多行子查询中使用 IN、ALL、ANY 操作符有何区别？

6.10　思考题

为什么我们需要掌握复杂 SQL 查询语句的使用方法？

6.11　学员回顾内容

分组查询；连接查询；子查询；集合查询。

参考资料
郭振民，《SQL Server 数据库技术》，中国水利水电出版社，2009. 李（Michaer Lee），比克（Gentry Bieker），《精通 SQL Server 2008》，清华大学出版社，2010. 明月科技，《SQL Server 从入门到精通》，清华大学出版社，2012. 网上 SQL Server 数据库技术资料。

上机部分

第 1 章　数据库基础

本阶段目标

完成本章内容后，你将能够：

◇ 熟悉数据库基本概念，数据库发展简史，熟悉 SQL Server 2008 数据库相关组件。

◇ 掌握关系数据库模型，掌握概念设计模型（E-R 模型），能看懂和设计简单的 E-R 图。

◇ 掌握二维数据库表的定义。

本阶段给出的步骤全面详细，请学员按照给出的上机步骤独立完成上机练习，以达到要求的学习目标。请认真完成下列步骤。

1.1　指导（1 小时 10 分钟）

1.1.1　打开 SQL Server 2008 SQL Server Management Studio

进入 SQL Server 2008 的开发环境：SQL Server Management Studio

由于 SQL Server2008 在原有的 SQL Server 2008 的基础上做了大范围调整，包括数据库操作工具的调整，我们使用 SQL Server 2008 首先获悉 SQL Server 2008 的工作环境：SQL Server Management Studio 将以前版本的 SQL Server 中所包括的企业管理器、查询分析器和 Analysis Manager 功能整合到单一环境中，打开工作环境，如下步骤所示。

1. 进入 Windows 系统环境，点击"开始"按钮进入如图 1-1 所示界面。

2. 点击"所有程序"，进入安装程序列表，进入图 1-2 所示界面。

3. 点击"Microsoft SQL Server 2008"进入图 1-3 所示界面。

4. 点击"SQL Server Management Studio"进入图 1-4 所示界面。

界面说明：第 4 步进入"连接（注册）数据库"的界面。

5. 继续点击"连接"命令按钮，进入如图 1-5 所示界面。

界面说明：第 5 步进入 SQL Server Management Studio 工作区的界面。

图 1-1   进入开始界面

图 1-2   进入程序列表

图 1-3 打开 SQL Server 2008

图 1-4 连接数据库

图 1-5　进入 SQL Server Management Studio 工作区

1.1.2　读懂 E-R 图

请认真阅读如下学生选课 E-R 模型图，然后回答问题（图 1-6）。

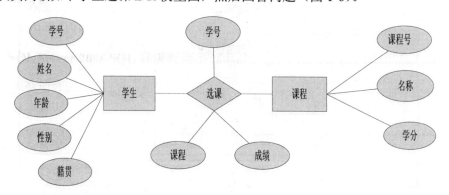

图 1-6　学生、选课、课程关系

请按下列要求回答问题：

（1）学生选课 E-R 模型图中有哪些实体？请列举出来。

（2）学生选课 E-R 模型图中每个实体有哪些属性？请列举出来。

（3）请找出学生选课 E-R 模型图中实体之间有什么关系？是哪种关系？（1:1,1:n,n:m）

（4）根据以上分析，我们看看下面的二维关系数据库设计是否合适，如果不合适请指出原因并加以修改。然后给每个二维关系表填写几行合理的数据记录。

表 1-1　学生（关系）

学号	姓名	年龄	性别

表 1-2　课程（关系）

课程号	名称	学分

表 1-3　选课（关系）

学号	成绩

1.2　练习（50分钟）

1.2.1　设计简单的 E-R 图

请按要求设计简单的 E-R 图：

假设有一火车售票点，该售票点销售火车票，请用 E-R 模型抽象这一现实世界：火车售票点销售火车票，请按如下步骤完成 E-R 模型。

1. 要求：必须含有实体：售票点、火车票。

2. 售票点属性信息必须含有：售票点的地址、联系电话、有无列车时刻表、售票员数量。

3. 火车票属性必须含有：价格、车次、座位等。

4. 火车售票点与火车票的关系是：1:n。

1.2.2　设计简单的二维数据库表

根据上一题的设计结果——火车售票点售票的 E-R 图，请转换成二维关系的数据库表。要求：必须含有售票点信息表、火车票信息表、火车票售票流水表，每个表不少于 3 个字段。设计结构样式应有如表 1-4 一致的效果。

表 1-4　示例

字段英文名	字段中文名	字段类型	字段宽度	是否容许空	是否主键
OrdID	订单号	int	10	N	Y
CusID	客户号	varchar	20	Y	N
ComID	商品号	int	4	N	N
Amount	数量	int	10	N	N
PayAmount	付款金额	decimal	10,2	N	N

1.3　作业

1. 简述 SQL Server MASTER 数据库的作用是什么？

2. 数据文件为何与日志文件分散到不同的磁盘上存储？

第 2 章　SQL Server 基本的数据存储管理

本阶段目标

完成本章内容后，你将能够：

✧ 掌握使用 SQL Server 2008 Microsoft SQL Server Management Studio 工具创建 SQL Server 数据库。

✧ 熟练使用 SQL 编辑器和 SQL Server 2008 Microsoft SQL Server Management Studio 工具创建和修改 SQL Server 数据库表。

✧ 了解 SQL Server 基本数据类型。

本阶段给出的步骤全面详细，请学员按照给出的上机步骤独立完成上机练习，以达到要求的学习的目标，请认真完成下列步骤。

2.1　指导（1 小时 10 分钟）

2.1.1　应用 SQL Server Management Studio 创建数据库

在本次指导中我们实践 SQL Server 的重要课题——创建自定义数据库 Ebuy。

1. 打开 Microsoft SQL Server Management Studio 工具，如图 2-1 所示。
2. 展开"数据库"目录，如图 2-2 所示。
3. 用鼠标右键点击"数据库"目录，如图 2-3 所示。
4. 我们继续用鼠标左命令键点击"新建数据库"，进入创建数据库界面如图 2-4 所示。
5. 在图 2-4 的数据库名称对应的文本框输入数据库名字"EBuy"，按"确定"按钮，即创建了数据库。

图 2-1　打开 Microsoft SQL Server Management Studio 工具界面

图 2-2　展开"数据库"目录界面

图 2-3　进入新建数据库界面

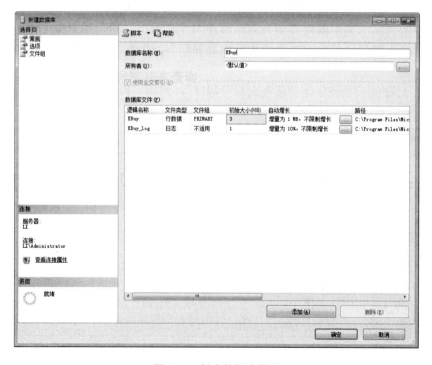

图 2-4　创建数据库界面

2.1.2 应用新查询编辑器窗口创建数据库表

 小贴士

> T-SQL 是 SQL Server 语言的扩展，就像 PL/SQL 是 Oracle 对 SQL 语言的扩展一样，灵活使用"新查询编辑器窗口"是进一步学习使用 T-SQL 的基础之一，我们使用"新查询编辑器窗口"创建数据库表。

我们将使用"新查询编辑器窗口"创建学生信息（stu），如表 2-1 所示。

表 2-1　学生信息（stu）

字段英文名	字段中文名	类型及大小	是否为空	是否主键
Stu_no	学号	int	N	Y
Stu_name	学生姓名	varchar(30)	N	N
Stu_age	年龄	int	N	N
Stu_sex	性别	int	N	N
Stu_address	住址	varchar(60)	N	N

我们将按如下步骤完成创建数据库表：

1. 打开 SQL Server 2008 Microsoft SQL Server Management Studio 工具，然后展开数据库实例，鼠标点击"数据库"→从展开的资源菜单选择"EBuy"→右键点击"EBuy"数据库→在弹出的快捷菜单中选择"编写数据脚本为→点击下一级弹出菜单的"CREATE 到"→最后，点击末级弹出菜单的"新查询编辑器窗口"，打开"新查询编辑器窗口"如图 2-5 所示。

如图 2-5 窗口右半部分为"新查询编辑器口"，然后可以把其中的内容删除，写入自己的脚本，进行执行。

2. 准备创建学生信息表的 SQL 语句

根据表 2-1，我们可以创建 SQL 语句如示例代码 2-1 所示。

```
示例代码 2-1：创建数据库表 stu
CREATE TABLE EBuy.dbo.stu(
    Stu_no int PRIMARY KEY,
    Stu_name varchar(30) not null,
    Stu_age int not null,
    Stu_sex int not null,
    Stu_address varchar(60) not null)
```

3. 把准备好的 SQL 语句拷贝到"新查询编辑器窗口"，然后点击"执行"按钮，执行结果如图 2-6 所示。

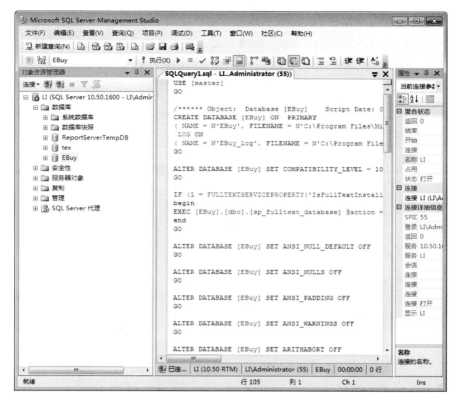

图 2-5　新查询编辑器窗口界面

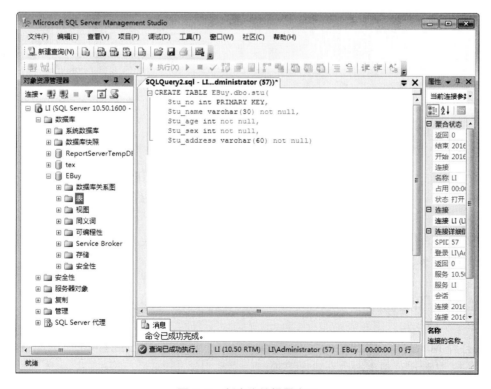

图 2-6　新查询编辑器窗口

4. 验证所创建的数据库表

我们对 Microsoft SQL Server Management Studio 的"对象资源管理器"刷新，然后展开 EBuy 数据库，然后展开"表"部分，我们可以看见所创建的数据库表，如图 2-7 所示。

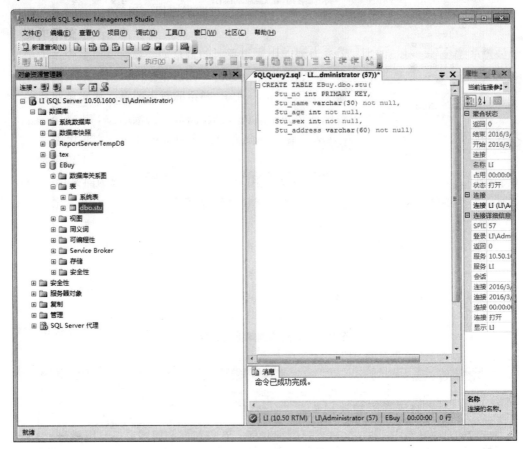

图 2-7　创建的数据库表

到此，我们已经成功创建了数据库表。

2.2　练习（50分钟）

1. 请用 Microsoft SQL Server Management Studio 工具创建数据库表：emp（雇员信息表）、dept（部门信息表）。

要求如下：

创建的雇员信息表属性数不少于 5 个，部门表属性数不小于 3 个。

请如下步骤创建数据库表：

（1）打开 Microsoft SQL Server Management Studio 工具。展开已经建立的数据库"EBuy"，右击"表"，从弹出菜单单击"新建表"项。

（2）在（1）弹出的编辑窗口中分别输入各列的名称、数据类型、长度、是否允许为空等属性。

（3）输入完成各列属性以后，单击工具栏上的"保存"按钮，则会弹出给表取名的对话框"选择名称"，输入表的名称，按确定按钮即可。

（4）按以上顺序再创建第二个表。

2.3　作业

1. 请用 Microsoft SQL Server Management Studio 工具修改已创建的表：

（1）更改其中一个数据库表的名字。

（2）更改这两个表的其中两个字段（一个表更改一个字段）的属性类型。

（3）给其中一些约束改为 NOT NULL。

（4）更改每个表中其中一个属性的名称。

2. 创建 SQL Server 数据库不指定日志文件是否可以？为什么？

请找出你在"指导"部分创建的数据库所在的目录，并列出你的数据库数据文件和日志文件全路径。

第 3 章 完整性约束

本阶段目标

完成本章内容后，你将能够：

✧ 熟悉数据库完整性约束的基本概念、分类等。

✧ 掌握实现数据库完整性的手段：主键约束、外键约束、CHECK 约束、NOT NULL 约束、默认约束、唯一性约束等。

本阶段给出的步骤全面详细，请学员按照给出的上机步骤独立完成上机练习，以达到要求的学习目标，请认真完成下列步骤。

3.1 指导（45 分钟）

3.1.1 实践数据库完整性之外键约束

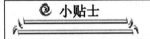 小贴士

使用 SQL Server Management Studio 工具创建数据库表：客户信息表、订单信息表，然后在这两个表之间建立外键约束。

我们在前两个章节已经建立客户信息表和订单表，本章直接使用这两个表。

1. 进入 SQL Server 2008 Management Studio 工作环境，如图 3-1 所示。

由于我们已经多次讲过，并且我们也使用 SQL Server 2008 Management Studio 工作环境，我们这里不详细介绍进入工作环境，在图 3-1 中我们已经进入了工作环境，展开了 EBuy 数据库。

2. 点击展开的 EBuy 数据库的"表"，从展开的"表"目录中找到"dbo.orders"（订单表），然后鼠标右键点击它，此时将看到弹出菜单，从中选择"设计"点击之。进入如图 3-2 所示界面。

图 3-1　SQL Server 2008 Management Studio 工作环境

图 3-2　打开表修改界面

3. 选中界面右半部分的属性列表"CusID"（客户号）数据行，右键点击该行弹出菜单，从弹出菜单选择"关系"鼠标点击该命令项，进入图 3-3 所示界面。

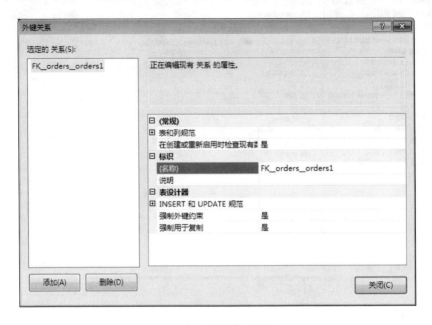

图 3-3 外键关系界面

4. 在图 3-3 中，选择"添加"按钮，然后从"常规"目录中"表和列规范"行，并点击该行右边单元格，进入如图 3-4 所示界面。

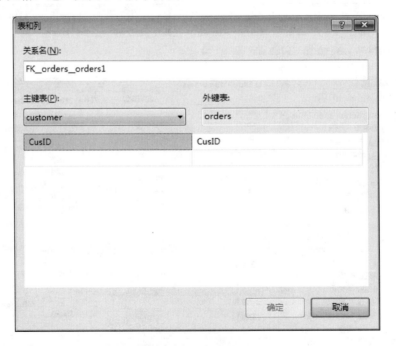

图 3-4 表和列界面

图 3-4 界面中具体定义自己的外键约束，如：给外键取名字，选择主键表、主键列、外

键表、外键列，然后按"确定"按钮退出"表和列"界面，回到"外键关系"界面，然后关闭"外键关系"界面，进入修改数据库表的主界面，按"保存图标"，保存所作的修改（即建立的外键）。

3.2　练习（1小时30分钟）

3.2.1　SQL Server 2008 数据库约束应用

请使用"指导部分"的 EBuy 数据库的"customer"客户信息表、"orders"订单表、"commodity_category"商品信息表建立如下约束。

1．在指导部分我们已经建立了"orders"订单表与"customer"为客户信息表之间的"CusID"客户信息外键关系，请按指导部分的要求建立"orders"订单表和"commodity_category"商品信息表之间的字段为外键约束。

注意：首先应该确定建立外键的字段，同时要区分出哪张表是主表，然后建立外键约束关系。

2．请在"customer"客户信息表、"orders"订单表、"commodity_category"商品信息表中建立各自的主键约束。

注意：请确立这些表的主键列，然后建立主键。考虑为什么要选择这个字段做主键列？

3．请给"customer"客户信息表、"orders"订单表、"commodity_category"商品信息的所有字段建立 NULL 或 NOT NULL 约束，并回答为什么要这样建？

4．请问"customer"客户信息表、"orders"订单表、"commodity_category"商品信息表中哪些列可以使用 CHECK 约束？为什么？并请建立 CHECK 约束。

5．请确定"customer"客户信息表、"orders"订单表、"commodity_category"商品信息表哪些可以使用 DEFAULT 约束？并建立这些约束。

3.3　作业

假设有一火车售票点，该售票点销售火车票，请在 EBuy 数据库中建立售票点信息表、火车票表，以及火车票销售流水表。

要求：

（1）在这些表之间建立外键约束。

（2）给每张表建立主键约束。

（3）简述使用外键约束和主键的必要性。

第 4 章　数据处理

本阶段目标

完成本章内容后，你将能够：

❖　了解 SQL 语言的基本特点、分类、书写规则等。

❖　深入掌握使用 INSERT 命令给数据库表新增数据、UPDATE 命令修改数据库已经存在的数据、DELETE 删除数据库存在的数据等，能够熟练的处理数据库表数据。

本阶段给出的步骤全面详细，请学员按照给出的上机步骤独立完成上机练习，以达到要求学习的目标。请认真完成下列步骤。

4.1　指导（1 小时）

4.1.1　使用 SQL Server 2008 "新查询编辑器窗口"

> 在 SQL Server 2008 中 "新查询编辑器窗口" 查询窗口是用来编辑 T-SQL 命令语句的窗口。学会使用该工具是在 SQL Server 2008 中使用 T-SQL 命令语句的基础。接下来将指导 "新查询编辑器窗口" 的使用。

1．登录 SQL Server 2008 的 Microsoft SQL Server Management Studio，在 "对象资源管理器中" 依次展开 "数据库" → "Ebuy" → "表" → 右键点击数据库表等，最后定位到新查询编辑器窗口" 如图 4-1 所示。

2．鼠标左键点击 "新查询编辑器窗口" 进入 "编辑器窗口"，如图 4-2 所示。

3．在编辑器中编辑 T-SQL 命令，并执行命令。

图 4-2 中的编辑窗口有很多语句，可以先把这些语句全部删除，然后写上自己的 T-SQL 命令语句，如 "SELECT * FROM EBuy.dbo.customer"，然后点击工具栏的 "执行" 按钮来执行命令。如图 4-3 所示。

从执行结果的界面发现，在编辑窗口下面增加了两个命令执行结果窗口页 "结果" 和 "消息" 页。结果页显示了查询结果。

同理，我们可以利用该编辑窗口编辑其他 T-SQL 命令。

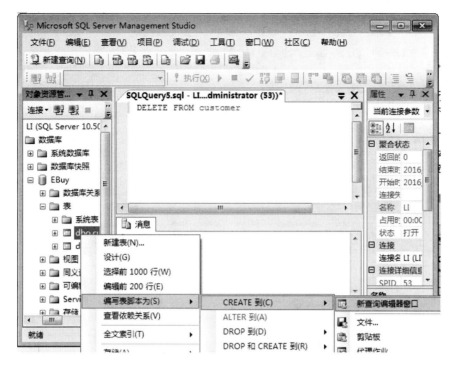

图 4-1　新查询编辑窗口界面

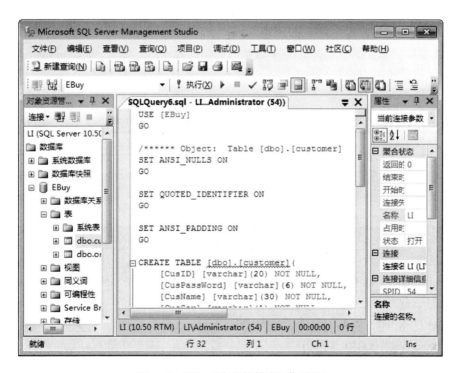

图 4-2　进入"查询编辑窗口"界面

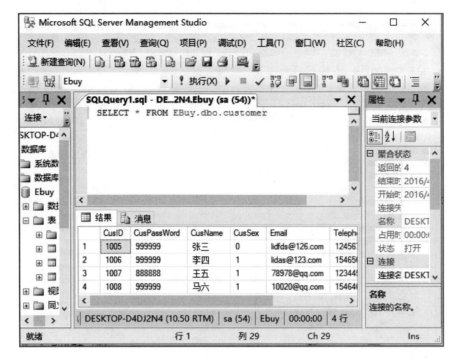

图 4-3　执行查询语句结果

4.1.2　数据处理的基本操作

为了能够熟练掌握数据处理的基本操作，如 INSERT、UPDATE、DELETE。练习对 customer 表增加记录、修改记录、删除记录的数据处理。

1. 确定需要输入的数据

表 4-1　customer 表

客户账号	客户密码	客户姓名	客户性别	电子邮件	联系电话	邮编	地址
1008	444444	马六	1	100210@126.com	20886576	100010	河北

注意："客户性别"中，1-代表男性，0-代表女性。

2. 生成 T-SQL 语句如示例代码 4-1 所示。

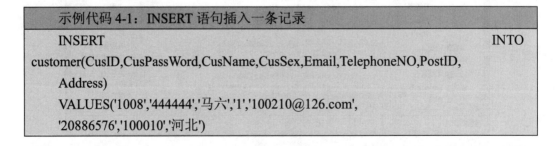

示例代码 4-1：INSERT 语句插入一条记录

INSERT　　　　　　　　　　　　　　　　　　　　　　　　　　　　　　　　　　INTO
customer(CusID,CusPassWord,CusName,CusSex,Email,TelephoneNO,PostID,
Address)
VALUES('1008','444444','马六','1','100210@126.com',
'20886576','100010','河北')

3. 最后，点击工具栏 ！ 执行(X) 命令按钮，执行成功，操作结果栏显示增加数据记录信息成功，如图 4-4 所示。

图 4-4　INSERT 语句插入一条记录

4. 生成 T-SQL 语句修改 customer 的"1008"记录的密码为"999999"，如代码 4-2 所示。

示例代码 4-2：UPDATE 语句修改一条记录
UPDATE customer SET CusPassWord='999999' WHERE CusID='1008'

5. 执行 T-SQL 语句 UPDATE，如图 4-5 所示。

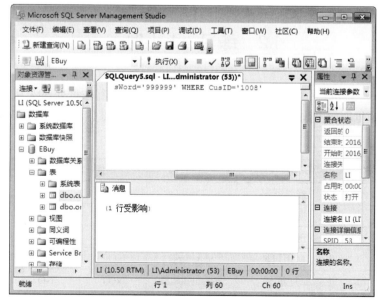

图 4-5　UPDATE 更新数据表中记录

6. 生成 T-SQL 语句删除名称为"马六"的客户，如代码 4-3 所示。

示例代码4-3：DELETE 语句删除一条记录
DELETE FROM customer WHERE CusName='马六'

7. 执行 T-SQL 语句 DELETE，如图 4-6 所示。

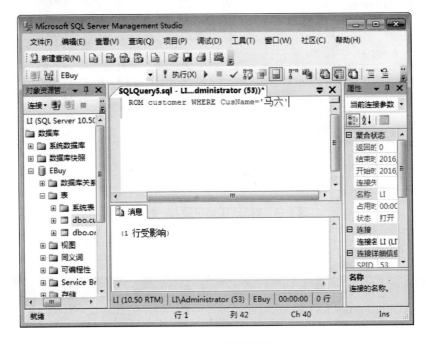

图 4-6　DELETE 删除数据表中记录

4.2　练习（1 小时）

创建数据库表［emp（雇员信息）表、dept（部门）表］进行数据处理练习，使能充分使用 DML 语句操作数据库应用数据。emp（雇员信息）表、dept（部门）表样例如表 4-2 和表 4-3。

表 4-2　emp 雇员信息表

字段英文名	字段中文名	类型/长度	是否空	是否主键	外键
EmpNO	雇员代码	int	NOT	YES	
EName	雇员名称	varchar(30)	NOT		
DeptNO	部门代码	varchar(4)	NOT	NO	dept. DeptNO
HireDate	雇用日期	datetime	NOT	NO	
Salary	月薪水	decimal(8,2)	NOT	NO	
Comm	月补助	decimal(8,2)	YES	NO	
Mgr	管理人	int	YES	NO	

表 4-3　dept（部门）表

字段英文名	字段中文名	类型/长度	是否空	是否主键
DeptNO	部门代码	Int	NOT	YES
DName	部门名称	varchar(30)	NOT	NO
DeptLoc	部门位置	varchar(60)	NOT	NO

请按如下要求完成作业：

1. 请指出这两个表在设计上的明显错误？

2. 如果让您完成数据库表数据记录的新增，您会先给哪个表输入新记录？为什么？

3. 请把给出的数据输入数据库表（表 4-4 和表 4-5）。

表 4-4　录入 dept 表数据

部门号	部门名称	部门位置
01	总裁办	北京通天大厦 1801 室
02	开发部	上海牛人大厦 1802 室
03	财务部	北京紫禁城广场 1803 室
04	行政部	北京奉孝大厦 1804 室
05	市场部	上海海豚大厦 1805 室

表 4-5　录入 emp 表数据

雇员代码	雇员名称	部门代码	雇佣日期	月薪水	月补助	管理人
01001	李焕	01	2001-06-05	852.01	100.00	
03001	桃花	03	2001-08-02	50000.01	500	
02001	大猫	02	2010-08-05	70000.23	600	
02002	小毛	02	2010-06-04	50000.89	500	02001
02003	咪咪	02	2007-06-15	30000.00	300	02001
04001	王五	04	2004-06-23	10000.00	100	
05001	张三	05	2006-06-10	3000.00		
05002	李四	06	2007-04-15	2500.00		05001

4. 在录入上述 emp 表最后一条记录的时候，是否会出现问题，如果会，请说出问题的所在？并自行改正数据。

5. 录入上述数据以后，请修改部门表"04"部门的部门号，请问能否修改？为什么？

6. 删除部门表中的"03"部门记录，请问能删除吗？为什么能删除或不能删除？

7. 修改雇员表中"01001"雇员号为"04001"是否修改成功？为什么？修改雇员表中"01001"雇员号为"04003"是否修改成功？为什么？

8. 删除雇员表中的"03"部门的雇员记录。为什么能删除或不能删除？

9. 删除这两个数据库表中所有数据；提示：删除的先后顺序。

4.3 作业

1. SQL 语言分为哪几类？

2. 请给 DML（INSERT、UPDATE、DELETE）举一个生动的例子来描述其作用？（提示：用工厂的仓库为例？）

第 5 章　SQL Server 2008 数据库基本查询

本阶段目标：

完成本章内容后，你将能够：
◇ 掌握 SELECT 语句的语法规则。
◇ 深入掌握和灵活应用数据库基本查询：
  ➢ 查询数据库表所有的列；
  ➢ 查询数据库表特定的列；
  ➢ 查询表达式的值，更改列标题；
  ➢ 使用 WHERE 子句进行条件查询；
  ➢ 筛选查询：各种排序查询；各种排列查询等。

本阶段给出的步骤全面详细，请学员按照给出的上机步骤独立完成上机练习，以达到要求的学习目标。请认真完成下列步骤。

5.1　指导（1 小时）

5.1.1　应用 SQL Server 数据库的基本查询

> 练习使用数据库基本查询：查询数据库表所有的列；查询数据库表特定的列；查询表达式的值；更改列标题。
> 使用 WHERE 子句进行带条件查询；筛选查询；排序查询等。

以 EBuy 数据库为例，查询客户信息，商品信息，订单信息的各种信息。

首先，打开 Microsoft SQL Server 2008 Management Studio，展开"数据库"➔展开"EBuy"应用数据库➔展开"表"➔鼠标右键点击具体的某个数据库表，如 dbo.customer➔鼠标左键点击弹出菜单命令"编写表脚本为"➔鼠标左键点击次级菜单"SELECT 到"➔鼠标左键点击底层菜单"新查询编辑器窗口"，进入"新查询编辑器窗口"如图 5-1 所示。

图 5-1　进入"新查询编辑器窗口"界面

图 5-1 的右半部分是"新查询编辑器窗口",把现有的 SELECT 语句删除,然后写入自己的 SQL 语句,并且按工具栏的 ! 执行(X) 按钮,便可完成我们的工作。接下来我们对 EBuy 应用数据库完成各种基本查询。

1. 查询电子商城购物系统中所有的客户信息

首先,准备 SQL 语句,由于这是对数据库 customer(客户信息表)表的全部数据记录的完整查询,需要使用 SELECT 基本查询的"查询所有列"技术,准备 SQL 语句如示例代码 5-1 所示。

示例代码 5-1:从 customer 表筛选所有的记录
SELECT * FROM customer

下一步,执行上述 SQL 语句,执行结果如图 5-2 所示。

图 5-2　查询所有字段结果

小贴士

图 5-2 界面没有完成显示所有字段的内容（其实数据已经全部查询出来了），我们在实际使用的时候可以把鼠标光标置窗体右边的边框于可施放状态，然后拖放窗体，显示所有数据。我们不再说明这种情况。

2．查询客户信息表中所有客户 CusID（客户代号）、CusName（客户姓名）、Address（客户地址）信息

首先，我们准备 SQL 语句，由于这是对数据库 customer 表的部分列进行查询，需要使用 SELECT 基本查询表中指定的列，准备的 SQL 语句如示例代码 5-2 所示。

示例代码 5-2：从 customer 表筛选 CusID、CusName、Address 的记录
SELECT CusID,CusName,Address FROM customer

然后，执行上述 SQL 语句，执行结果如图 5-3 所示。

图 5-3　查询部分字段结果

3．查询客户信息表客户号为"1005"的客户的 CusID（客户代号）、CusName（客户姓名）、Address（客户地址）信息

首先，准备 SQL 语句，对数据库 customer 表的部分列进行的有条件查询，需要使用 SELECT 基本查询"WHERE 条件查询"+"查询表中指定的列"技术，如示例代码 5-3 所示。

示例代码 5-3：从 customer 表筛选 CusID 为"1005"的记录
SELECT CusID,CusName,Address FROM Customer WHERE CusID='1005'

然后，执行上述 SQL 语句，执行结果如图 5-4 所示。

图 5-4　条件查询结果

4．查询 commoditys（商品信息表）表中的每种商品的 ComID（商品代码）和总价值（ComPrice(单价)*StoAmount(库存量)）信息，并且以"商品总价值"为列标题输出

首先，确定在该查询需要的表达式，表达式输出使用别名，且只查询部分列数据，可以使用"查询表中指定的列"+"查询表达式的值"+"更加列标题"技术，如示例代码 5-4 所示。

示例代码 5-4：指定 commoditys 表中的字段别名
SELECT ComID,ComPrice*StoAmount 商品总价值 FROM commoditys

然后，执行上述 SQL 语句，执行结果如图 5-5 所示。

图 5-5　表达式查询结果

5．按 Amount（订单数量）由小到大输出 orders（订单表）表的所有数据

首先，确定这是排序查询，输出单表的所有列的所有记录，并且升序查询，所以需要用到"查询所有列"+"排序查询"技术，如示例代码 5-5 所示。

示例代码5-5：筛选 orders 表中的所有记录，按 Amount 排序
SELECT * FROM orders ORDER BY Amount

然后，执行上述 SQL 语句，执行结果如图 5-6 所示。

图 5-6 排序查询结果

6．查询 orders（订单表）表中哪些客户已经下过订单，要求不能显示重复记录

首先，确定这是对指定的某一列进行查询，并且该列的输出数据不能有重复行，此时需要使用数据库基本查询"查询指定列"+"筛选查询"技术，如示例代码 5-6 所示。

示例代码5-6：查询消除重复记录
SELECT DISTINCT CusID FROM orders

然后，执行上述 SQL 语句，执行结果如图 5-7 所示。

图 5-7 查询消除重复记录的结果

5.2   练习（1 小时）

我们使用第 4 章练习的表结构 [emp（雇员信息）表、dept（部门信息）表] 和练习的初始新增数据完成如下要求：

1. 查询所有的雇员的信息。
2. 查询雇员名称为"卫星"的雇员信息。
3. 查询出工资最高雇员的信息。（提示：只查询出一条信息。）
4. 查询出雇员工资大于等于 5000.00 且小于等于 10000.00 的雇员信息。
5. 求出每位员工按目前月工资计算其年工资，并且年薪输出列标题取名为"年薪"。

（要求：按本阶段指导部分的分析方法与步骤完成练习。）

5.3   作业

1. 写出返回练习部分 dept 表中前 3 条记录的 SQL 语句。
2. 在 SQL 语句中，对输出结果排序的子句是 ORDER BY 子句吗？

第 6 章　SQL Server 2008 SQL 高级查询

本阶段目标

完成本章内容后，你将能够：

◇　熟悉和掌握高级查询的语法结构。

◇　熟练应用分组查询、多表连接查询、子查询集合查询等高级 SQL 查询。

◇　能够使用 SELECT INTO 对数据库表作简单的导入、导出数据，即简单数据备份。

本阶段给出的步骤全面详细，请学员按照给出的上机步骤独立完成上机练习，以达到要求的学习目标，请认真完成下列步骤。

6.1　指导（1 小时 10 分钟）

6.1.1　高级 SQL 查询应用

> 使用高级 SQL 查询，解决实际工作中遇到的复杂逻辑查询、合理组织数据进行显示、简化应用程序（如：Java/C/C++等）逻辑等都是至关重要的。下面我们指导使用高级 SQL 查询语句。

我们仍以 EBuy 数据库为例子,覆盖重要的高级 SQL 查询语句来应用数据库的高级 SQL 查询。

按如下顺序完成准备工作：

（1）打开 Microsoft SQL Server Management Studio。

（2）选择 EBuy 数据库。

（3）打开"新查询编辑器窗口"以便输入和执行 SQL 语句。准备工作完成后，按指导完成以下作业。

6.1.2　高级 SQL 查询应用之连接查询

查询商品的商品编号、商品类别名称、商品名称。

第一步，分析要查询的显示的数据的成份：商品编号、商品名称数据在商品信息表中，而商品类别名称在商品类别表中，我们的查询将在商品类别表和商品表之间以商品类别代码建立连接查询。

第二步，根据上述分析我们准备 SQL 查询语句如示例代码 6-1 所示。

示例代码 6-1：连接查询
SELECT a.ComID,a.ComName,b.CatName
FROM commoditys a,commodity_category b WHERE a.CatID=b.CatID

第三步，我们把上述准备好的 SQL 查询语句拷贝到"新查询编辑器窗口"，然后按工具栏 **执行(X)** 按钮执行，查询结果如图 6-1 所示。

图 6-1　连接查询

6.1.3　高级 SQL 查询应用之外连接查询

以商品类别表为左表，以商品信息表为右表，按照商品类别编号相等，实现其左（右）外连接。

第一步，通过题目我们很明确就是要以商品类别表为左表，以商品信息表为右表分别做左外连接和外连接查询，条件是商品类别编号相等。

第二步，准备左和右连接 SQL 语句，左连接如示例代码 6-2 所示。

示例代码 6-2：左连接
SELECT b.ComID,b.CatID,a.CatName,b.ComPrice
FROM commodity_category AS a LEFT JOIN commoditys AS b
ON a.CatID=b.CatID

右连接如示例代码 6-3 所示。

示例代码 6-3：右连接
SELECT b.ComID,b.CatID,a.CatName,b.ComPrice FROM commodity_category AS a RIGHT JOIN commoditys AS b ON a.CatID=b.CatID

第三步，我们把上述准备好的 SQL 查询语句拷贝到"新查询编辑器窗口"然后按工具栏 **执行(X)** 按钮执行，左连接查询执行结果如图 6-2 所示。

图 6-2　左连接

右连接执行结果如图 6-3 所示。

图 6-3　右连接

6.1.4 高级 SQL 查询应用之子查询

利用子查询查询商品信息表中价格小于 1000 的商品的类别编号，再利用外查询查询商品类别表中有哪些商品类别编号与子查询相符合。

第一步，我们通过题目知道这主要是子查询问题：利用子查询查询商品信息表中价格小于 1000 的商品的类别编号，然后根据子查询结果再查询商品类别表中有哪些商品类别编号，即这些商品类别编号限定在子查询结果其中。

第二步，准备子查询 SQL 语句，如示例代码 6-4 所示。

```
示例代码6-4：子查询
    SELECT a.CatID,a.CatName FROM commodity_category a
    WHERE CatID IN(SELECT CatID FROM commoditys
        WHERE ComPrice<1000)
```

第三步，我们把上述准备好的 SQL 查询语句拷贝到"新查询编辑器窗口"，然后按工具栏 ！ 执行 (X) 按钮执行，查询结果如图 6-4 所示。

图 6-4　子查询

6.1.5 高级 SQL 查询应用之集合查询

利用集合查询，从商品信息表 commoditys 中查询商品编号大于 2010001 而且商品单价大于 10 的商品代码和商品名称。

第一步，我们从题目可以看出这是使用 INTERSECT 交集查询。

第二步，准备子查询 SQL 语句如示例代码 6-5 所示。

示例代码 6-5：INTERSECT 交集查询

SELECT ComID,ComName FROM commoditys WHERE ComID>2010001

INTERSECT

SELECT ComID,ComName FROM commoditys WHERE ComPrice>10

第三步，我们把上述准备好的 SQL 查询语句拷贝到"新查询编辑器窗口"，然后按工具栏 ▌ **执行**(X) 按钮执行，查询结果如图 6-5 所示。

图 6-5　INTERSECT 交集查询

6.1.6　高级 SQL 查询应用之分组查询

分类统计商品表中平均价格大于 10 的各类商品的平均价格情况。

第一步，我们从题目可以知道这是按商品代码进行分组的分组统计查询，而且是带条件分组统计查询，条件是商品平均价格大于 10。

第二步，准备子查询 SQL 语句，如示例代码 6-6 所示。

示例代码 6-6：分组统计查询

SELECT CatID,AVG(ComPrice) AS AvgPrice FROM commoditys

GROUP BY CatID HAVING AVG(ComPrice)>10

第三步，我们把上述准备好的 SQL 查询语句拷贝到"新查询编辑器窗口"然后按工具栏 ▌ **执行**(X) 按钮执行，查询结果如图 6-6 所示。

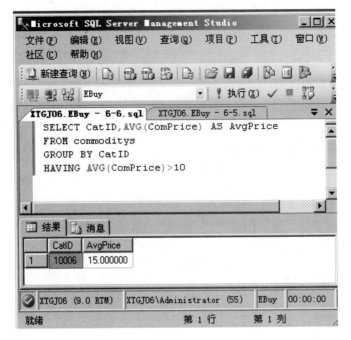

图 6-6　分组统计查询

6.2　练习（50 分钟）

利用我们前面章节练习中所创建和使用 emp（雇员信息）表、dept（部门信息）表完成如下练习。

总要求：首先按题目的"提示与要求"完成题目需求分析，然后编写 SQL 查询语句，最后在"新查询编辑器窗口"中执行。

1. 从 emp 表中获取员工的最高工资和最低工资。

（提示与要求：本题将使用的聚合函数是 MAX 和 MIN。）

2. 从 emp 表获取每个部门的员工的平均工资和总工资。

（提示与要求：本题将使用聚合函数是 AVG 和 SUM。）

3. 请查询 emp 表和 dept 表，显示部门号为 10 的部门名称，该部门的雇员，以及其他部门员工的名称？

（提示与要求：本题将使用右连接查询，dept（部门信息）表在 join 的右边。）

4. 显示工资高于 1000 的雇员和岗位为"MANAGER"的雇员。

（提示与要求：本题使用集合查询，要求记录不重复，即使用 UNION 进行合并查询。）

5. 显示工资高于部门 30 的所有雇员的雇员名称、工资、部门号。

（提示与要求：本题使用子查询和谓词 ALL 进行查询。）

6.3　作业

1. 内连接和外连接的区别是什么？
2. 左外连接和右外连接以及完全连接查询有何区别？
3. UNION 和 UNION ALL 在合并查询的区别是什么？
4. 在多行子查询中使用 IN、ALL、ANY 操作符有何区别？